Städtische Wasserversorgung im Altertum

edition·epilog.de

Der Teich von Siloah in Jerusalems. In dem in vorchristlicher Zeit angelegten Bassin wurde das Wasser Gihonquelle gesammelt. Er war Teil des ausgeklügelten Wasserversorgungssystems von Jerusalem.

Aquatinta um 1800 nach Luigi Mayer (1755–1803).

Curt Merckel

Städtische Wasserversorgung im Altertum

Zeitreisen zur Kultur + Technik
Herausgegeben von Ronald Hoppe
edition·epilog·de

Bibliografische Information der Deutschen Nationalbibliothek:
Die Deutsche Nationalbibliothek verzeichnet diese Publikation
in der Deutschen Nationalbibliografie; detaillierte bibliografische
Daten sind im Internet über http://dnb.dnb.de abrufbar

Für diese Ausgabe wurde der 1899 erstmalig erschienene Originaltext
in die aktuelle Rechtschreibung umgesetzt und behutsam redigiert.
Längenangaben und andere Maße wurden gegebenenfalls in das
metrische System umgerechnet.

Ausgewählt, redigiert und gestaltet von Ronald Hoppe
Herstellung und Verlag: BoD – Books on Demand, Norderstedt

ISBN: 978-3-7597-1294-3

Curt Merckel (1858 – 1921) studierte
Bauingenieurwesens an der Polytech-
nischen Hochschule Hannover. Ab
1881 war er in Hamburg tätig und für
den Bau der Brooktorkaibrücke, der
St. Annenbrücke sowie der Kornhaus-
brücke verantwortlich. Nachdem er
1889 zum Baumeister ernannt wurde,
übernahm er die Bauausführung der
Rathausschleuse am Alsterfleet und
der neuen Stadtwasserkunst. Ab 1896
hielt Merckel im Auftrag der Ober-
schulbehörde öffentliche Vorträge zur
Technikgeschichte. 1901 erfolgte die
Berufung zum Abteilungsleiter für
das Hamburger Sielwesen, 1906 die
Beförderung zum Baurat und 1920 zum
Baudirektor der Hansestadt Hamburg.

Die Versorgung der menschlichen Ansiedlungen mit Wasser ist ein Gebiet der Ingenieurtechnik, auf welchem im Altertum ganz außerordentlich zahlreiche und hervorragende Schöpfungen hervorgebracht wurden, welche Werke in erster Linie den Ruhm der antiken Ingenieure begründeten.

Die erste Wasserversorgung erfolgte jedenfalls in der natürlichsten Weise, das heißt durch unmittelbare Entnahme des Wassers aus Quellen oder Wasserläufen. Das aus der Quelle hervorsprudelnde Wasser musste auf den Gedanken der künstlichen Brunnen führen, über deren erstes Entstehen allerdings keine bestimmten Nachrichten vorliegen, jedoch ist es sicher, dass diese Art der Wasserversorgung sehr alt ist. Bereits frühzeitig wurden die Rolle am Kloben, Seile und Eimer benutzt, um das Wasser aus Brunnen an die Oberfläche zu schaffen. Eine Verteilung dieses Brunnenwassers erfolgte, so weit es zum Gebrauch der Menschen benutzt wurde, wohl in der Regel durch Tragen gefüllter Wasserbehälter, eine Verteilungsweise, die bis zum heutigen Tage überall auf der Erde anzutreffen ist. Geschah die Wasserversorgung aus Flussläufen, so war die Verteilung durch Herstellung von Seitenkanälen möglich und ist vielfach zur Ausführung gekommen. Ein weiterer Schritt in dem Entwicklungsgange war es, als man dazu überging, das Wasser zu sammeln und aufzustauen, sei es, dass man in den Wasserläufen künstliche Dämme einbaute, sei es, dass man direkt die Quellen abfing oder Zisternen anlegte. Man erhielt hierdurch die Möglichkeit, das Wasser innerhalb gewisser Grenzen nach Belieben leiten zu können. Man folgte mit den Leitungen der natürlichen, vorliegenden Gestaltung der Erdoberfläche. Mit Rücksicht auf die fast beständige Kriegsgefahr wurden diese Leitungen in vielen Fällen unterirdisch geführt, durch diese Anordnungsweise konnte gleichzeitig einer Verunreinigung am wirksamsten vorgebeugt werden. Eine der bedeutsamsten Erfindungen war es, als man erkannte, dass es nicht nur möglich sei, das Wasser abwärts, sondern auch, wenn nur die richtigen Vorkehrungen getroffen wurden, aufwärts zu leiten. Ob man in den ummauerten Quellen, bei welchen durch die Ummauerung das Wasser hochgetrieben wurde, die erste Anwendung dieser Erfindung zu erblicken hat, muss dahingestellt bleiben. Derartige Brunnen finden sich mehrfach in Syrien. Von dem Prinzip des Hebers machten in der Folgezeit die Griechen bei einzelnen der stattlichen Anlagen, die durch dieses Volk geschaffen wurden, Gebrauch. Allerdings war, da die geeigneten Hilfsmittel, Röhren von genügender Stärke, nicht zur Verfügung standen, die Anwendung dieses Prinzips nur innerhalb gewisser Grenzen möglich. Die neuere Forschung hat jedoch gezeigt, dass diese Grenze durchaus nicht so eng zu ziehen ist, wie man früher glaubte, solches tun zu müssen. Die Hochdruck-Leitung von Pergamon war einem Druck von 20 und die römische Wasserleitung von Alatri einem solchen von etwa 10 Atmosphären ausgesetzt. Wenn auch die Römer, wie einzelne ihrer Schöpfungen, so Alatri, Lyon, Aspendus zeigen, gleichfalls von dem Prinzip des Siphons Gebrauch gemacht haben, so nahmen sie doch im Großen und Ganzen Abstand von demselben. Vom technischen Standpunkt aus bedeutet das Prinzip der Römer, die Wasserleitungen fast unabhängig von der Bodengestaltung zu führen und weder die Durchstechung von Bergen noch die Herstellung gewaltiger Aquädukte zu scheuen, unbedingt einen Rückschritt. Der römische Archäologe Lanciani führt die starre Durchführung des römischen Prinzips der Wasserleitungsführung auf den Mangel an eisernen Röhren zurück. Auf die Ansichten Belgrands über diesen Punkt wird weiterhin näher eingegangen werden.

Auf die Art der Wasserversorgung üben die natürlichen Verhältnisse einen maßgebenden Einfluss aus. In Gebirgsländern ist die gegebene Art der Wasserversorgung die durch Quellwasser, eine Versorgungsweise, die für Tiefländer meistens vollständig ausgeschlossen ist. Für die Letzteren bleibt in der Regel nur eine Flusswasserversorgung übrig. Fehlen Quellen und Wasserläufe überhaupt, so vermag der Mensch nur durch eine künstliche Sammlung des Niederschlagswassers sich das für seine Lebenserhaltung unentbehrliche Element zu verschaffen. In derartigen Gegenden findet man daher in großer Zahl Zisternen, deren Anlage auch an der Meeresküste nicht selten nötig wird.

Im Allgemeinen lässt sich der nachstehend angegebene Entwicklungsprozess verfolgen.

Mit zunehmendem Wachstum der Städte erwies sich überall, falls die Wasserversorgung durch Brunnen und Zisternen erfolgte, diese Versorgungsweise als nicht ausreichend. Es musste auf die Zuführung größerer Wassermassen Bedacht genommen werden, was durchgängig durch die Abfangung von Quellen und Leitung dieses Wassers nach den Städten oder durch eine unmittelbare Entnahme des Wassers aus benachbarten Wasserläufen geschah.

Wie sich die Wasserversorgungsanlagen bei den einzelnen Völkern gestalteten, lassen die nachstehenden Angaben erkennen.

Wasserversorgungsanlagen in Babylonien und Assyrien

In Mesopotamien geschah die Wasserversorgung der Städte und der sonstigen menschlichen Ansiedlungen in ganz derselben Weise wie in anderen Tiefländern, z. B. Ägypten, d. h. im Großen und Ganzen durch Flusswasser. In der Hauptsache wurde das Trinkwasser dem Euphrat und Tigris und den von diesen Flüssen abzweigenden Kanälen entnommen. So erwähnt Layard einen von enormen Ufermauern eingefassten Kanal, der sich in gerader Linie nach den Ruinen von Niffer hinzieht und seiner Ansicht nach einst zur Wasserversorgung dieser Stadt diente. Die dereinst von Babylon bedeckte Fläche zeigt, dass sie von einer großen Anzahl Kanäle durchschnitten war, aus welchen die Bewohner ihren Wasserbedarf gedeckt haben werden. Von den Wassergräben, die einst das Wasser des Euphrats den berühmten hängenden Gärten zuführten, sind noch die Spuren erkennbar. Da diese Gärten, deren Flächen mit verlöteten Bleiplatten belegt gewesen sein sollen, eine reiche Bepflanzung zeigten und selbst auf den höchsten Terrassen Bäume standen, in deren Schatten Alexander der Große Labung in seinem Fieberzustand suchte, so ist eine künstliche Bewässerung unerlässlich gewesen. Strabo berichtet, dass diese Gärten fortwährend durch Pumpwerke bewässert worden seien.

Abb. 1. Assyrische Wasserleitung bei Bavian.

Die gesamte Hubhöhe schätzt man auf 92 m und nimmt an, dass zum Heben des Wassers Eimerwerke benutzt worden sind.

Das Tigriswasser eignet sich nicht sehr zu Wasserversorgungszwecken und die Sorge der Bewohner des alten Assyriens war daher darauf gerichtet, hierfür Ersatz zu schaffen, den sie in den kleineren Süßwasserbächen fanden, deren Wasser sie in geregeltem Lauf ihren Hauptstädten zuführten. In Ninive wurde diese Aufgabe durch das Vorhandensein des Flüsschens Khôser außerordentlich erleichtert. Das Wasser des Khôsers wurde, wie die Reste der betreffenden Anlagen erkennen lassen, gleichzeitig zur Füllung des die Stadt umgebenden, zum Teil aus dem felsigen Untergrund gehauenen Grabens benutzt. Die Wasserverteilung innerhalb der Stadt erfolgte durch Kanäle, die sich durch die Stadt verbreiteten. Inwieweit mit diesen Anlagen die von Layard beschriebene assyrische Wasserleitung zusammenhing, ist unbestimmt. Der genannte Forscher fand bei Bavian die Überreste einer Reihe von in den Felsen gehauenen Wasserbecken, die stufenweise nach dem Fluss Gomel hinabführen. Das Wasser wurde durch kleine Rinnen aus einem Becken in das andere geleitet. An dem untersten Wasserbecken sind zwei springende Löwen in Relief *(s. Abb. 1)* angebracht. Vermutlich steht diese Anlage mit der unter Senacherib (704–681 v. Chr.) erbauten Wasserversorgung von Ninive in Verbindung. In der so genannten Inschrift von Bavian, welcher Ort etwa 17 km nordöstlich von Khorsabad liegt, wird berichtet, dass der genannte Fürst, um Ninive mit gutem Wasser zu versehen, einen bei der Stadt Kisri beginnenden und sich bis Ninive hinziehenden Kanal, der von dem Nebenfluss des Tigris, Khûsur (Khôser?), gespeist wurde, graben und außerdem noch 18 Ortschaften in der Ebene nord- und ostwärts von Ninive in der Richtung nach Bavian zu durch 18 gleichfalls mit dem Khûsur in Verbindung gesetzte Kanäle mit Trinkwasser versorgen ließ. Die Spuren dieser Kanäle sind bisher nicht mit Sicherheit zu ermitteln gewesen.

Die Wasserversorgung der heute von den Arabern mit dem Namen Nimrud bezeichneten Stadt war schwieriger. Gebirgswasser boten hier allein die in großer Entfernung befindlichen Flüsse, der große Zâb und dessen nördlicher Nebenfluss Ghâzir, die trotz der Entfernung und trotz der Schwierigkeit der Zuleitung zur Wasserversorgung tatsächlich herangezogen wurden. Aus beiden Wasserläufen wurde mittelst eines über 45 km langen Kanals, der an einzelnen Stellen bis 12 m tief in den harten Muschelkalkstein eingearbeitet ist, das Wasser nach der Stadt geleitet. Der Zuleitungskanal besitzt eine sehr gewundene Trasse, die von der geschicktesten Benutzung des Terrains Zeugnis ablegen soll.

Auch Brunnen kamen in größerer Zahl zur Ausführung. So berichtet Assurnâssirpal (884–860 v. Chr.) in seiner großen Inschrift, dass er einen 80 Tepki tiefen Brunnen habe graben lassen, um einen Tempel mit Wasser zu versorgen.

Am Ostende des bei Kalakh gelegenen Hügels hat Rassam einen tiefen Brunnen aufgefunden, in dessen Umgebung deutliche Spuren von Rohrleitungen und Aquädukten erkennbar sind. Auch in Ninive hat man die Überreste eines Brunnens entdeckt.

Die Brunnen Mesopotamiens sind zum Teil sehr tief, und nicht selten führen zu denselben steile Treppen hinab. Im Allgemeinen wurde jedoch das Wasser gehoben, wobei man sich frühzeitig der über Rollen laufenden Seile bediente. In der Tigris-Ebene ist das Wasser dieser Brunnen jedoch selten süß.

Zu den mannigfachen Baufunden von Sendschirli gehören Reste einer aus Tonröhren hergestellten Wasserleitung. Die Rohre haben einen inneren Durchmesser von 11 cm und eine Rohrlänge von 30 cm, außerdem eine 5 cm lange Nase auf der einen Seite, die in den Falz des Nachbarrohres eingreift. Die Wandstärke ist 2 cm. Die Fugendichtung ist mittelst Ton erfolgt. Die Leitung beginnt in einer Ecke der Stadtmauer und läuft dann teils neben dieser, teils innerhalb der Fundamente und kommt erst in der Mitte des äußersten Turmes wieder zum Vorschein. Beim Beginn in der Mauerecke ist der Lauf durch eingesetzte Scheiben unterbrochen; unmittelbar vor diesem Abschluss ist auf beiden Seiten ein Rohr senkrecht in die Höhe geführt. Die Leitung stieg hiernach in die Höhe und fiel alsdann wieder, so dass hier gleichsam ein Überfall hergestellt war. Koldewey spricht die Vermutung aus, dass durch den Ausfluss vielleicht an der Stadtmauerecke ein Brunnen auf der Mauerkrone und durch einen Ausfluss an der Torfront ein zweiter Brunnen gespeist worden sei. Diese Anlage dürfte aus der Zeit des 6. oder 5. Jahrhunderts stammen.

Wasserversorgungsanlagen der Ägypter

Es ist zunächst eine befremdende Erscheinung, dass sich in Ägypten bisher das Vorhandensein besonderer Wasserversorgungsanlagen der Städte nicht hat nachweisen lassen. Bei der Gestaltung dieses Landes und bei dem Fehlen von Quellen und dem seltenen Eintreten von Niederschlägen musste die Flusswasserversorgung naturgemäß hier die Hauptrolle spielen. Die Anlage von Aquädukten ist bei den Gefälleverhältnissen des Landes ohne künstliche Wasserhebung unausführbar, so dass die Wasserzuführung nach den vom Nil entfernten Städten und in die Städte selbst nur durch Zuleitungskanäle möglich war, die direkt vom Nil abzweigten. Dieselbe Art der Wasserversorgung ist später durch die Griechen in Alexandria zur Ausführung gekommen. Das durch den in weit späterer Zeit erbaute Aquädukt von Kairo fließende Wasser wird künstlich gehoben.

Strabo gibt Mitteilungen über die Wasserversorgungsweise der am Nil gelegenen Festung Babylon. Danach lief hier von dem Nil bis zur Stadt ein Bergrücken, in welchem ein Kanal angeordnet war, in welchen Schöpfräder und Wasserschnecken das Wasser aus dem Strom emporhoben. Diese Wasserhebungsmaschinen wurden durch 150 Sträflinge in Bewegung gesetzt.

Reuleaux ist der Ansicht, dass die Ägypter frühzeitig die Kunst des Brunnengrabens gekannt haben, und dass die Brunnen in den Oasen zum größeren Teil Menschenwerk seien. Diese Wüstenbrunnen sind rund 20 m tief durch den Wüstensand als runde Schächte niedergetrieben und an den Wänden mit Palmholzstäben ausgekleidet. In der genannten Tiefe stößt man auf eine harte Kalkschicht, in welcher ein einige Zoll weites Loch hergestellt wird. Die wasserführende Schicht findet sich in einer Tiefe von 90 – 150 m.

Über größere Brunnen anlagen liegen eine Anzahl Nachrichten vor, deren älteste aus der Zeit um das Jahr 2500 v. Chr. stammen. So ließ nach einer auf dem Felsen des Eilandes von Konosso gefundenen Inschrift Nebcher-ra Mentuhotep einen tiefen Brunnen graben, um allen Pilgern, dem Lastvieh und allen Männern, welche in dem heißen Tale Steine zu brechen hatten, einen Labetrunk zu spenden. Unter Usurtesen I. (etwa 2000 v. Chr.) führte dessen Oberbaumeister Mentuhotep einen Brunnen aus, von dem man glaubt, dass es derselbe sei, von dem Strabo berichtet. Dieser erzählt, dass in dem Memnonium von Abydos ein Brunnen sei, zu dem man durch niedergebogene Gewölbedecken niedersteige und dass dieser Brunnen sich sowohl durch seine Größe als durch seine Bauweise auszeichne. Die auf der Straße von Koptos nach Kosseyr unter Sanchkara erbauten vier Brunnen sind noch heute in ihren Resten nachweisbar. Der König Mineptah I. Seti I. (1366 v. Chr.) ließ in den wasserlosen Gebirgsländern, in welchen die Goldgruben lagen, Brunnen schaffen, so in der wüsten, auf der Ostseite des Nils gegenüber von Edfu liegenden Landschaft. Eine an einem kleinen Felsentempel hier gefundene Inschrift lautet wie folgt: *»Der König Seti hat solches*

getan zu seinem Gedächtnis für seinen Vater Amon-ra und seine Mitgötter, indem er ihnen neu erbaute ein Haus, in dessen Innerem die Gottheiten voller Zufriedenheit weilen. Er hat den Brunnen bohren lassen für sie. Solches ist niemals vollbracht worden von irgendeinem Könige, ihn, den König ausgenommen. Ein gutes Werk hat also getan der König Seti, der wohltätige Wasserspender, welcher das Leben fristet seinem Volke, er, der Vater und Mutter für Jedermann ist. Sie sprechen vom Munde zu Munde: Amon schenke ihm (ein langes Dasein), vermehre ihm die ewige Dauer. Ihr Götter vom Brunnen! Gewährt ihm eure Lebenszeit, dieweil er uns gebahnt hat die Straße zum Betreten, und geöffnet hat, was verschlossen da lag vor unserem Angesicht. Nun können wir hinaufziehen wohlbehalten und können erreichen das Ziel und bleiben leben. Die schwierige Straße liegt offen da vor uns und gut geworden ist der Weg. Nun kann hinaufgeführt werden das Gold, wie es der König und Herr geschaut hat. All' die (lebenden) Geschlechter und die, welche dereinst sein werden, sie werden für ihn erbitten ein ewiges Gedächtnis. Er feiere die dreißigjährigen Jubelfeste wie Tum, er blühe wie Horus von Apollinopolis, darum weil er gestiftet hat ein Denkmal in den Ländern der Götter, weil er hat Wasser bohren lassen auf dem Gebirge.«

Der Brunnen hatte eine Tiefe von mehr als 63 m, doch versiegte er bald, und der Bergbau musste wieder aufgegeben werden. Der Nachfolger Seti des Ersten, Ramses II. (1333 v. Chr.) scheint mehr Glück gehabt zu haben, da nach einer weitläufigen Inschrift der auf seine Veranlassung gegrabene Brunnen Wasser gespendet zu haben scheint.

Ramses III. (1200 v. Chr.) ließ an der Ostgrenze seines Landes einen mächtigen Brunnen graben und ihn mit starken Befestigungen umgeben. Die Mauern hatten eine Höhe von 15,75 m.

Wasserversorgungsanlagen der Chinesen

Unsere Kenntnisse über antike chinesische Schöpfungen der städtischen Wasserversorgung sind bisher sehr dürftig. Frühzeitig scheinen die Chinesen die Kunst des Brunnengrabens gelernt und es in dieser Kunst zu sehr bedeutenden Leistungen gebracht zu haben, da sie Brunnen bis zu 500 m Tiefe schufen. Zum Schöpfen des Wassers aus diesen tiefen Brunnen benutzten sie Gefäße, die an einem Seil befestigt waren, das auf einer konischen Seiltrommel auflief. Auch die Differentialwinde, welche den Chinesen ihre Entstehung zu danken hat, kam in frühen Zeiten bereits zur Verwendung.

Wasserversorgungsanlagen der Phönizier

und die sonstigen Anlagen dieser Art in Syrien, mit Ausnahme der griechischen und römischen Schöpfungen

Die Wasserversorgungsanlagen Syriens zeigen eine weit größere Mannigfaltigkeit in ihrer Anordnung, als die in den bisher betrachteten Ländern entstandenen Schöpfungen auf diesem Gebiet, welche Erscheinung auf die natürlichen Verhältnisse zurückzuführen ist. Das Alter dieser Werke ist zum Teil ein sehr hohes. Der Einfluss der Phönizier ist bei der Entstehung mancher derselben nachweisbar, die ältesten Wasserwerksanlagen Syriens dürften von diesem Volk geschaffen sein.

Zu den bemerkenswertesten Anlagen gehören die Brunnen von Tyrus, in Wirklichkeit Quellen, deren Wasser nach der genannten Stadt geleitet wurde.

Die Bezeichnung dieser Quellen *(Abb. 2)* ist Ras-el-Ain (d.h. Haupt der Quellen), sie liegen von Tyrus etwa eine halbe Meile entfernt. Die noch jetzt vorhandenen vier großen Brunnen sind jedoch nicht schachtartig in die Tiefe gesenkt, vielmehr am Bergfuß in der Ebene künstlich aus Stein hergestellt, und zwar beträgt die Höhe dieser Aufmauerung 4½–6 m. Sie besteht in einem Gusswerk aus grobem Sand und kleinen Steinen. Das größte Bassin hat eine achteckige Form von etwa 18 m Abstand der gegenüberliegenden Seiten und 8,4 m Seitenlänge. Die Stärke der Wände beträgt etwa 3½ m. In diesen Brunnen steigt das Wasser, das von dem Abhang des Libanon kommt, hoch und fließt am oberen Rand ab. Die abfließende Wassermenge ist so bedeutend, dass durch sie ehemals sechs Mühlen getrieben wurden.

Südöstlich von dem großen Brunnen *A* befinden sich zwei kleinere *B*. Ein weiterer Brunnen liegt bei *C*; die Wasserleitung *b* geht nach dem Ort Maschuk, der dem Isthmus von Sour gegenüberliegt.

Die Wasserleitung *d* aus *C* dient jetzt zur Bewässerung der Gärten. Im Altertum war an der Küstenstrecke von Tyrus im Zusammenhang mit diesen Brunnen ein weit verzweigtes Bewässerungssystem in Funktion, wodurch die Landschaft in üppige Kornfluren und in die schönsten Obstgärten verwandelt worden war, deren Spuren zur Zeit der Kreuzzüge noch vorhanden waren, zu welcher Zeit das Wasser auf alten phönizischen Anlagen ober- und unterirdisch geleitet wurde. Die Überreste der antiken Anlagen, die aus verschiedenen Zeitepochen stammen, lassen sich bis auf eine Entfernung von über 2400 m von Tyrus verfolgen.

Die Anlage des Hauptobjekts dieses Wasserversorgungssystems geht auf die Zeit vor der Belagerung Tyrus durch Salmanassar (um 700 v. Chr.) zurück, indem dieser Fürst nach der Erzählung Menanders von Ephesus während seiner fünfjährigen Belagerung der Stadt diese Brunnen mit ihrer Wasserleitung durch seine Krieger besetzen ließ, um die Tyrier durch Wassermangel zu ängstigen; auch berichtet der genannte Schriftsteller, dass die Phönizier auf der Insel Gruben zur Ansammlung des Regenwassers

gegraben hätten. Da Inseltyrus keine
Quellen besaß, so ist der Umstand, dass
die Stadt eine 13-jährige Belagerung
durch Nebukadnezar auszuhalten vermochte, nur dadurch zu erklären, dass
die Tyrier durch unterseeische Röhren
das Wasser der Brunnen nach der Insel
zu leiten verstanden hatten.

Noch heute sind auf der Halbinsel
Sour zwei künstliche Brunnen vorhanden, die unabhängig von jeder Jahreszeit
einen gleichmäßigen Stand des Wassers
aufweisen, zu dem eine Treppe von
15 Stufen von Ellenhöhe hinabführt. In
diesen Brunnen steht das Wasser kaum
so hoch, wie ein Schöpfeimer ist, doch
wird der Inhalt niemals erschöpft. Dieser
künstliche Wasserzufluss wurde durch
den unter Alexander geschütteten Ver-
bindungsdamm zwischen der Insel und
der Stadt in keiner Weise beeinflusst.

Nach den Berichten von Arrian und
Pausanias ließ Alexander während der
Belagerung von Tyrus an einem Brun-
nen sein Zelt aufschlagen.

Der phönizische Einfluss bei Herstellung der ersten Wasserversorgungsanlagen Karthagos erscheint gegeben. Wie
über alle Teile Karthagos ein gewisses
Dunkel liegt, so herrscht auch über die
Frage der Wasserversorgung manche
Unklarheit, die bisher nicht beseitigt
werden konnte. Der Werdegang vollzog
sich in Karthago in derselben Weise wie
in anderen Städten. Zuerst Benutzung
von Quellen, dann Anlegung von Zisternen und schließlich Herleitung des
Wassers aus größerer Entfernung.

Die beiden Quellen, deren Wasser benutzt wurde, liegen am Vorgebirge Bidi
Bn Seid. Zu den ältesten Wasserbehäl-
tern dürften die so genannten Zisternen
des Teufels zu rechnen sein, die aus 18
langgestreckten, überwölbten, neben
einander angeordneten Räumen beste-

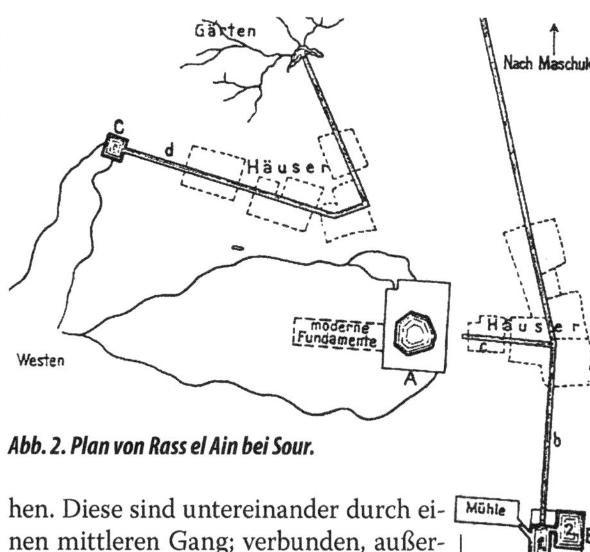

Abb. 2. Plan von Rass el Ain bei Sour.

hen. Diese sind untereinander durch einen mittleren Gang; verbunden, außerdem stehen sie durch einen Ringkanal
in Verbindung. An den vier Ecken und
in der Mitte der Längsseiten befanden
sich sechs runde Räume. Ein weiteres
großes Reservoir ist in einer Entfernung
von etwa 1200 m vorhanden. Auch dieses gilt für eine punische Schöpfung.
Die zuerst genannten Zisternen wurden
später mit dem römischen Aquädukt in
Verbindung gebracht. Die Frage, ob die
etwa 123 n. Chr. durch Hadrian erbaute
Wasserleitung nicht Teile einer älteren
Anlage in sich schließt oder eine solche ersetzte, ist bisher noch nicht mit
Sicherheit beantwortet. Auf den römischen Aquädukt Karthagos wird später
zurückzukommen sein.

Die hervorragendste punische Kolonie
auf Sizilien, Motye, entnahm ihr Wasser dem quellenreichen Höhenzug der
Regalia. Das Wasser wurde von Osten
her der Stadt unter dem Meer in zin-
nernen Röhren zugeleitet. Von diesen
Röhren haben sich einige erhalten. An
der östlichen Küste befindet sich ein aus
Quadern gemauerter Wasserbehälter,
in welchen sich das durch die Röhren
zugeleitete Wasser ergoss. Im Inneren

der Stadt ist eine Zisterne erhalten geblieben, die inwendig mit Stuck ausgekleidet ist. Dieselbe besitzt einen weiten Bauch und einen engen Hals und steht durch einen Kanal mit einem anderen zerstörten Bauwerk in Verbindung.

Von den Wasserversorgungsanlagen der **Juden** ist eine größere Anzahl erhalten geblieben. Zu den in Samaria und Judäa gelegenen Brunnen kamen aus weiter Ferne die Patriarchen gezogen, um ihre Herden zu tränken. In der Nähe von Sichem liegt der oft genannte Jakobsbrunnen, der eine Tiefe von 23 m besaß. Zur Zeit der Herstellung erforderte die Schaffung einer solchen Anlage einen verhältnismäßig sehr großen Arbeitsaufwand und hierdurch erklärt sich das Ansehen, in welchem dieses und ähnliche Werke standen.

Auf phönizischen Einfluss führt man einen Teil der zur Wasserversorgung von Jerusalem bestimmt gewesenen Anlagen zurück, insbesondere die zwischen Bethlehem und Hebron gelegenen Teiche des Salomo, welche noch heute existieren.

Man weiß, dass König Salomo mit dem phönizischen König Hiram zuerst wegen des Tempelbaus zu Jerusalem in Verbindung getreten war und dass ihm Hiram die zu diesem Bau erforderlichen Zypressen und Zedern, sowie den Baumeister schickte. Auch die Baumeister und Zimmerleute zum Bau der Schiffe sandte Hiram. Der phönizische Einfluss bei der Herstellung der Wasserleitung erscheint daher sehr naheliegend.

Jerusalem musste infolge seiner Lage auf einem Bergrücken auf künstliche Weise mit Wasser versorgt werden. Zu diesem Zweck schuf man zunächst Zisternen, späterhin wurde durch die Anlegung größerer Teiche, deren Speisung entweder durch Regen- oder Quellwasser geschah, Fürsorge für die Wasserzuführung getragen. Die antiken Zisternen sind gänzlich aus dem Felsen gehauen und besitzen eine flaschenartige Gestalt, welche Form darauf zurückzuführen ist, dass die obere Felsschicht hart und unter derselben eine weichere Kalksteinschicht lagert. In der oberen Schicht brauchte nur ein etwa 60 cm im Durchmesser haltendes Loch eingearbeitet zu werden, in dem weicheren Boden wurde die Öffnung alsdann erweitert. Die zur Ansammlung des aus dem Gestein rinnenden Wassers bestimmten Zisternen sind in ihrem unteren Teil zementiert. Von den Teichen mögen die nachstehenden erwähnt werden: Birket Isrā il. Birket Hammām el Batrak (Teich des Patriarchenbades) oder Hiskiateich, Birket el-Asbāt oder Birket Sitti Marjam, Siloahteich, Birket es-Sultān und Birket Māmilla.

Da auch die Sammelteiche auf die Dauer nicht genügten, so schritt man zur Schaffung von Wasserleitungen, durch welche Jerusalem aus ziemlich großer Entfernung Wasser zugeleitet wurde.

Man nimmt an, dass eine dieser Wasserleitungen, diejenige von den Teichen Salomons, dem berühmten Könige (1015 – 975 v. Chr.) ihre Entstehung verdankt.

Jerusalem besaß im Ganzen fünf Wasserleitungen:

1. Die Māmillateich- oder obere Wasserleitung,
2. den Kanal von dem Mariabrunnen nach dem Teich Siloah im Kidrontal,
3. die sogenannte Nordleitung,
4. die westliche Wasserleitung,
5. die Wasserleitung von den Salomonsteichen, in Verbindung mit der Wasserzuführung aus den Quellen Wādi Bijār und Wādi Arrub.

Von den Wasserleitungskanälen sind nur noch die des Māmillateiches und der Quelle Siloah in Funktion.

Die Māmillateich-Wasserleitung besteht aus einem einfachen Kanal, der auf der größeren Strecke gemauert ist. Die Dichtung dieses Kanals wie die der übrigen Leitungsgänge ist durch einen Zementüberzug erfolgt, der aus einer Mischung von Kalkmörtel und kleingestoßenen Ziegelsteinen besteht. Die Leitung führt das Wasser des Teiches Māmilla nach dem sog. Hiskiateich. Ob diese Anlage mit dem König Hiskia (728 – 699 v. Chr.) tatsächlich in Verbindung gebracht werden kann, ist unentschieden. Dass Hiskia jedoch bedeutende Anlagen dieser Art in Jerusalem ausführen ließ, ist nach Schick, dem eine eingehende Kenntnis der Wasserleitungen Jerusalems zu danken ist, sicher. So ließ Hiskia, um bei Belagerungen dem Feind außerhalb der Stadt das Wasser entziehen und es der Stadt erhalten zu können, das Wasser eines Teiches vermittelst eines an der Oberfläche verlaufenden Kanals in die Stadt leiten. Außerdem ließ derselbe eine Quelle abgraben und deren Wasser durch einen unterirdischen Felsenkanal nach der Stadt fließen. Während die Anordnung des zweiten Kanals eine zweckentsprechende ist, kann ein Gleiches von der erstgenannten Leitung kaum behauptet werden.

Die Leitung von dem Marienbrunnen nach dem Teiche Siloah im Kidrontal bietet eine Reihe interessanter Erscheinungen. Der zwischen den beiden genannten Punkten hergestellte Tunnel zeigt eine stark gewundene Trasse. Der Querschnitt ist ein sehr wechselnder und streckenweise so eng, dass der Kanal nur durchkrochen werden kann. Seine Länge beträgt rund 537 m. Die Anla-

ge des einen der beiden Schächte führte Conder darauf zurück, dass durch ihn eine Höhenbestimmung der Tunnelsohle ermöglicht werden sollte. Guthe glaubt, dass der Schacht zur Richtungsbestimmung gedient haben dürfte. Keinerlei Grund spricht dagegen, dass nicht beide Zwecke durch den Schacht erreicht werden sollten; es kommt hinzu, dass jede Schachtanlage den Transport des Ausbruchsmaterials aus dem Tunnel wesentlich erleichterte. Von besonderem Interesse ist der Umstand, dass dieser Tunnel, wie übrigens die meisten antiken Schöpfungen dieser Art, von beiden Seiten vorgetrieben wurde. Die Bestimmung des Treffpunktes war bei der gewundenen Tunnelführung sehr schwierig, ja wie Guthe mit Recht annimmt, in der damaligen Zeit überhaupt nicht ausführbar. Der genannte Forscher schreibt das tatsächlich eingetretene Zusammentreffen der beiden Tunnelstrecken einerseits dem Umstände zu, dass die Tunnelbohrer ebenso weit nach der einen wie nach der anderen Richtung gingen, andererseits und in der Hauptsache dürfte ein Glückszufall dieses Ergebnis herbeigeführt haben. *Abb. 3* veranschaulicht den Zusammentreffpunkt und lässt deutlich das Probieren der beiderseitigen Arbeiterkolonnen, einen Zusammenstoß herbeizuführen, erkennen. Conder schreibt hierüber Folgendes: Die Buchstaben *a*, *b*, *c* bezeichnen solche Richtungen des Stollens, welche die von oben arbeitenden Steinmetzen begonnen und dann verlassen haben, als sie das Irrtümliche desselben bemerkten. Die

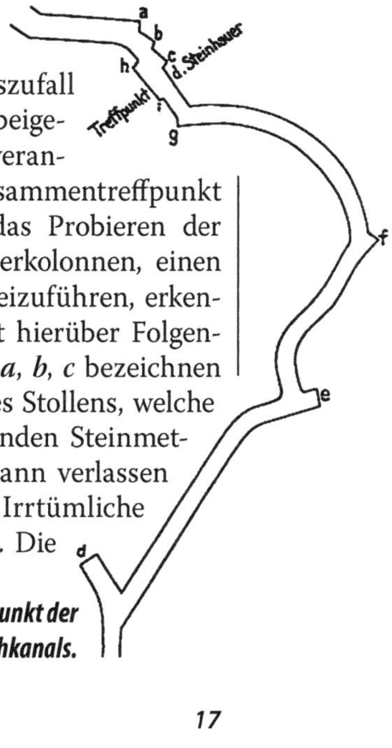

Abb. 3. Zusammentreffpunkt der Tunnelstrecke des Siloahkanals.

mit *d, e, f, g* bezeichneten Einschnitte und Ecken rühren dagegen von den von unten arbeitenden Steinmetzen her. Bei *c* hat also die erste Gruppe zum letzten Male die Tunnelachse weiter nach rechts verlegt und arbeitete nun direkt der zweiten Gruppe entgegen, die ihrerseits auch die falsche Richtung aufgab und sich mehr nach rechts wandte. Der Einschnitt *h* ist nicht von der zweiten Gruppe gehauen, sondern muss von der ersten Arbeiterkolonne hergestellt sein, weil die Spuren der Meißel erkennen lassen, dass die Arbeiter von oben in schräger Richtung nach der Seite hin arbeiteten, nicht aber von unten her in gerader Richtung vorwärts. Der Einschnitt *h* erklärt sich also daraus, dass man sich der Achsenveränderung bei *c* wegen genötigt sah, den Tunnel nach Westen zu erweitern, und dies in der kürzesten und einfachsten Weise tat, nämlich vermittelst einer Ecke in der Wand, statt ihre Fläche allmählich mit der veränderten Richtung des Tunnels auszugleichen, wie es bei den Punkten *a* und *f* geschehen ist.

Nach Conders Ansicht haben sich die Arbeiter bei dem Einschnitt *i* getroffen, der von der ersten Gruppe gehauen ist. Diese Annahme stützt derselbe auf eine sich hier findende eigentümliche Unregelmäßigkeit des Tunnels. Bei *i* vermindert sich nämlich die Tunneldecke plötzlich von 140 cm auf das Maß von 108 cm, so dass sich hier eine Differenz in der Höhe von 32 cm findet. Von *g* aus hat es daher den Anschein, als münde ein niedrigerer Kanal in einen höheren. Oberhalb des Punktes *i* hebt sich die Decke wieder etwas, so dass sie im Längenschnitt gleichsam bei *i* einem herunterhängenden spitzen Zapfen gleicht. *Abb. 3* lässt deutlich erkennen, dass in der Tat die Steinhauer,

namentlich in dem letzten Teil der Arbeit über die einzuschlagende Richtung geschwankt haben. Die beiderseitig arbeitenden Steinmetze haben sich ohne Zweifel gesucht, da sie sonst nicht so häufig und in so kurzen Absätzen die Tunnelführung verändert hätten. Das Mittel zum gegenseitigen Auffinden bestand lediglich darin, dass die eine Partie auf das Klopfen der anderen achtete. Mit dem Vorwärtsdringen konnte dieses Klopfen immer deutlicher vernommen und die einzuschlagende Richtung immer besser beurteilt werden, jedoch war dieses Mittel, wie auch die Probestollen zur Genüge zeigen, ein sehr unsicheres.

Das Gefälle des Tunnels beträgt 30 cm, es ist jedoch kein gleichmäßiges. Das Niveau der südlichen Hälfte lag ursprünglich höher und wurde nachträglich vertieft. Es kann nicht überraschen, dass eine genaue Festlegung der Tunnelsohle nicht stattgefunden hat. Wären selbst in dieser Beziehung Berechnungen vorgenommen worden, so wäre es mit den damaligen Hilfsmitteln doch nicht möglich gewesen, die Rechnungsergebnisse auf die Ausführung zu übertragen. Conder hält den Siloahkanal für das Produkt einer sehr rudimentären Ingenieurkunst, er glaubt, dass das Gestein auf die Richtung von Einfluss gewesen sei, indem man die weicheren Partien aufgesucht und verfolgt habe. Den Siloahteich selbst hält Guthe für eine Anlage aus nachkonstantinischer Zeit. Neben demselben befindet sich ein zweiter kleiner Teich, der zu der ursprünglichen Anlage gehört haben dürfte.

Im Siloahkanal wurde eine Inschrift aufgefunden, deren Inhalt zwar noch nicht in allen Teilen mit absoluter Gewissheit feststeht, hier jedoch Wiedergabe finden soll, da sie von dem Zu-

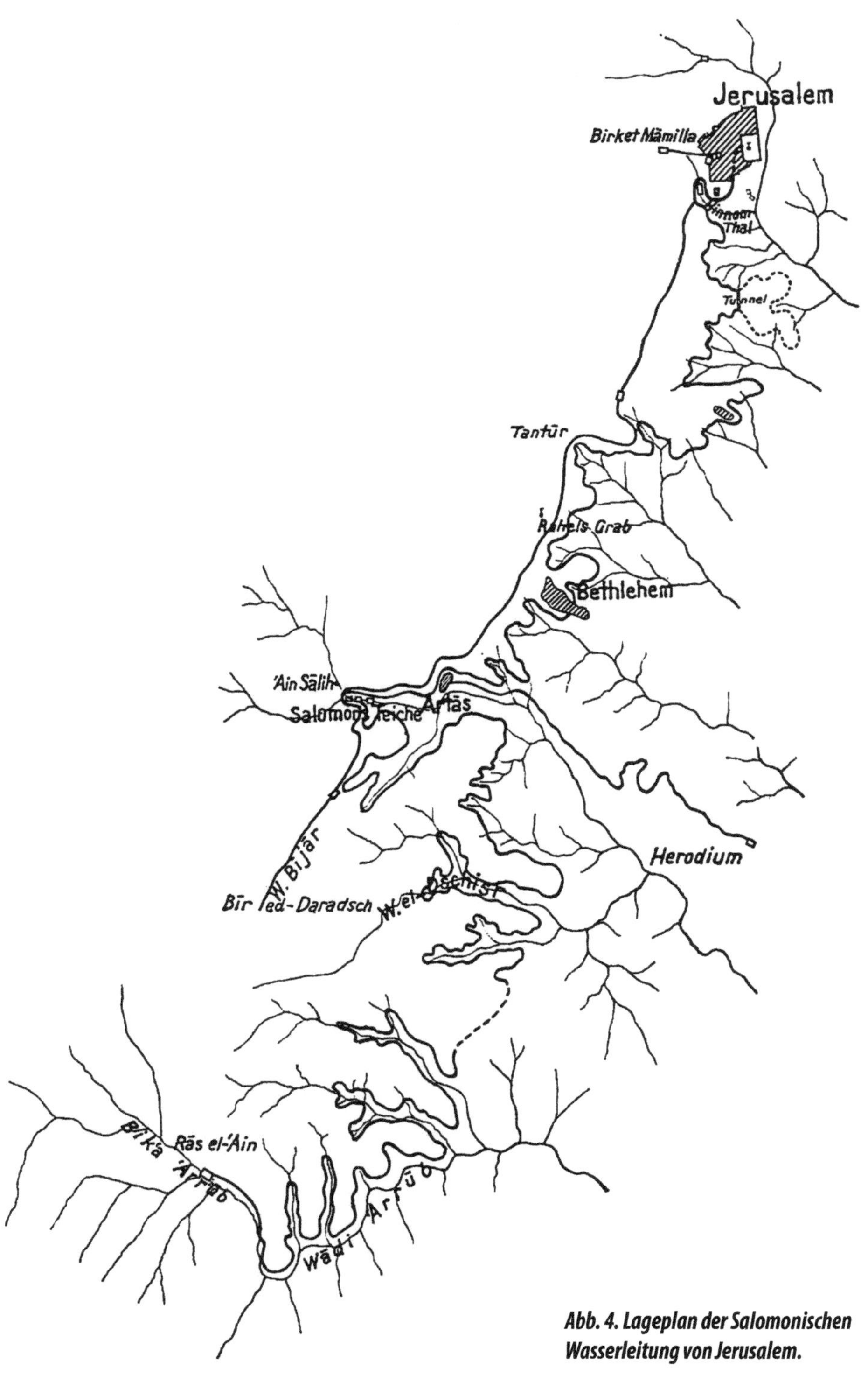

Abb. 4. Lageplan der Salomonischen
Wasserleitung von Jerusalem.

sammentreffen berichtet. Kautzsch hat dieselbe wie folgt übersetzt:

»... der Durchstich. Und dies war der Hergang des Durchstichs.
Als ich ... den Meißel einer gegen den anderen. Und als noch drei Ellen waren bis ... da rief die Stimme des einen dem anderen zu, denn es war ... im Felsen: Wasser (oder vom Tage ...?) und am Tage des Durchstichs schlugen die Mineure einer gegenüber dem anderen Meißel auf Meißel und es flossen die Wasser vom Ausgangspunkt in den Teich in 1200 Ellen und 100 Ellen war die Höhe des Felsens über dem Haupte der Mineurs.«

Als Entstehungszeit dieses Werkes wird die Zeit Hiskias angesehen.

Die sogenannte Stadtleitung ist bis jetzt in ihrem Verlaufe nicht genau bestimmt und soll daher auf sie nicht näher eingegangen werden.

Die **westliche Wasserleitung** läuft auf dem Hügelrücken im Nordwesten der Stadt und endet der Kanal auf der Höhe, so dass die Frage ungelöst ist, woher sie das Wasser nahm. Schick ist der Ansicht, dass die Leitung eine Art Rinnstein bildete, der bestimmt war, das auf dem breiten Plateau des Bergrückens niederfallende Regenwasser aufzufangen und nach der Stadt zu leiten.

Die Wässerzuführung von den Salomonsteichen ist die bedeutendste Wasserleitung Jerusalems und sie verdient wegen der Eigenart der Anlage eine eingehende Beschreibung.

Diese Wasserleitung kommt aus dem südlich von Jerusalem liegenden Landesteil, in welcher Richtung die Wasserscheide allmählich ansteigt. Jenseits Bethlehems tritt sie stark nach Westen zurück und gibt mehreren weit verzweigten Tälern Raum. Diese Talmulden vereinigen sich später zu zwei nach Osten abfallenden Haupttälern, dem Wādi Arrūb und dem Wādi Tawāhin.

Die höchstgelegenen flachen Verzweigungen dieser Täler enthalten eine Anzahl Quellen, die so hoch liegen, dass ihr Wasser nach Jerusalem geleitet werden konnte. Die erste dieser Quellstellen liegt bei den so genannten Salomonsteichen, die zweite befindet sich zwei Stunden weiter südwärts *(Abb. 4)*. Die wiederholt genannten Salomonsteiche bilden den Mittelpunkt des ganzen Systems. Die verschiedenen Leitungen brachten sämtlich ihr Wasser nach dieser Anlage, doch konnte dasselbe auch an den Teichen vorübergeführt werden. Von den Teichen laufen Kanäle nach Bethlehem und Jerusalem sowie nach dem Frankenberg, dem antiken Herodium.

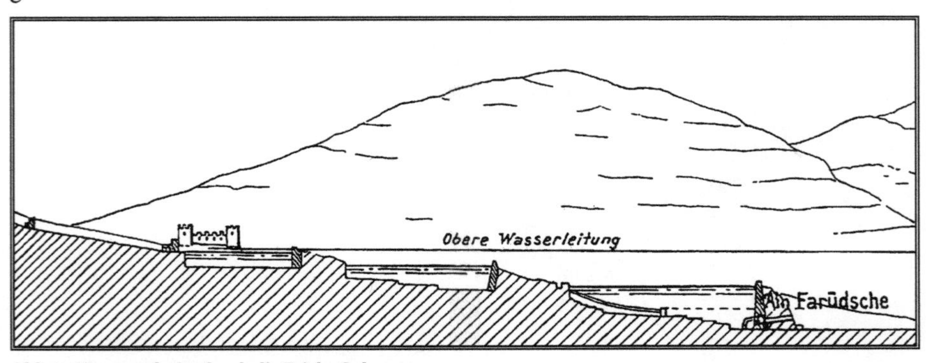

Abb. 5. Längenschnitt durch die Teiche Salomons.

Die Salomonsteiche *(Abb. 5 – 9)* bestehen aus drei großen, in etwas schräger Richtung hinter und über einander liegenden Becken. Ihre Höhenlage zu einander ist so gewählt, dass der obere Rand des unteren Beckens etwa in der Höhe des Bodens des oberhalb liegenden Teiches liegt *(Abb. 5)*. Diese Anordnung gestattete es, die gesamte Wassermenge eines Beckens in das zunächst tiefer liegende fließen zu lassen. Der obere Teich ist 116 m lang, an der Westseite 70 m, an der Ostseite 72 m breit und 7,6 m tief. Die Wandungen sind senkrecht, an der Südostecke befindet sich eine Treppe. Der mittlere Teich ist in der Mittellinie 129 m lang und an der Westseite 49 m, an der Ostseite 76 m breit. Die Durchschnittstiefe ist 9,8 m; die Längswandungen sind senkrecht. Der untere Teich ist der beste und größte, die Wandungen auf der Nord- und Südseite sind senkrecht, auf den beiden anderen Seiten etwas geneigt. Der Boden fällt von Westen nach Osten in beinahe regelmäßigen großen Terrassen ab, durch eine niedrige Mauer ist der Teich in zwei ungleiche Hälften zerlegt. Das von Westen kommende Wasser sammelte sich zunächst in einem kleinen runden Becken und lief von da in einer Rinne auf der Kante einer im Teich angebrachten mauerartigen Erhöhung schräg hinab

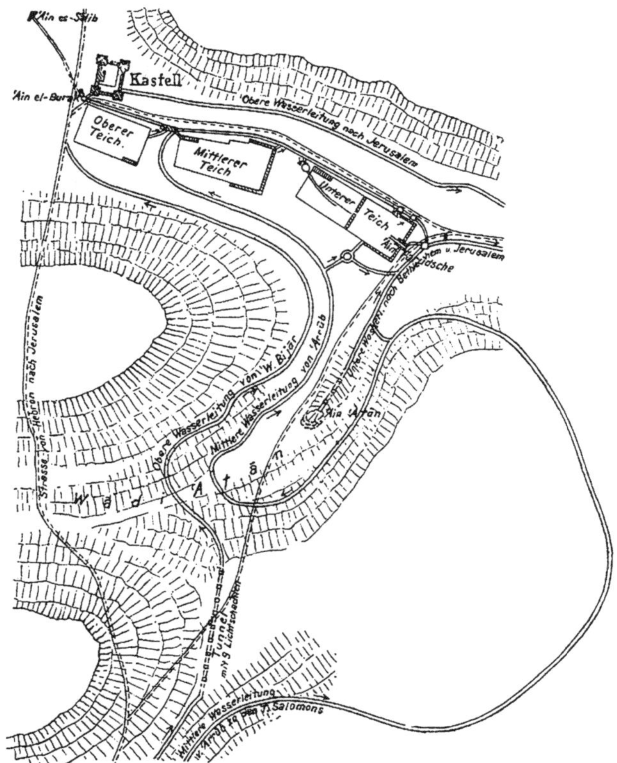

Abb. 6. Lageplan der Salomonischen Teiche.

auf den eigentlichen Boden des Teichs. Die Länge des ganzen Teichs ist 177 m, die Westseite ist 45 m, die Ostseite 63 m breit, die Tiefe an der Ostseite ist 15 m, an der Westseite etwa 8 m. Unter dem Boden dieses dritten Beckens befindet sich eine Quelle.

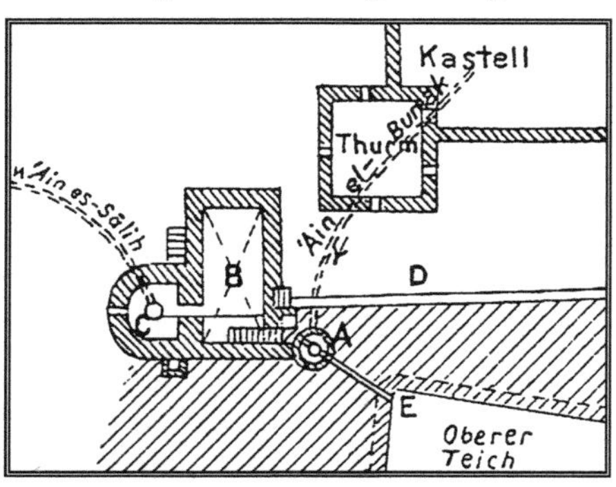

Abb. 7. Brunnen am oberen Salomonischen Teich.

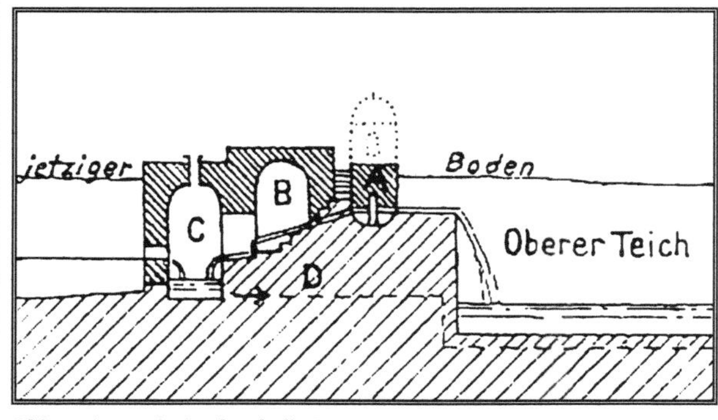

Abb. 8. Querschnitt durch die Brunnen.

Der Zweck dieser Teiche, von welchen *Abb. 9* eine Gesamtansicht in dem heutigen Zustand gibt, bestand offenbar darin, in Zeiten des Wasserüberflusses gefüllt zu werden, um das Wasser in Zeiten der Dürre entweder zur Speisung der Aquädukte oder zur Bewässerung der im Tal von Artās vorhanden gewesenen Gärten abgeben zu können. An dem obersten Becken liegt ein Kastell von sa-

der 'Ain es Sālih. Letztere liegt in geringer Entfernung nordwestlich von dem Kastell, das Wasser fließt durch einen unterirdischen, etwa 60 cm breiten und kaum mannshohen Kanal nach dem so genannten Wasserregulator. Die dritte Quelle ('Ain Farūdsche) kommt unter dem Boden des unteren Teiches hervor. Der Eingang befindet sich in dem starken und großen Damm, der zur Siche-

Abb. 9. Ansicht der Salomonischen Teiche.

razenischer Bauart, das den Namen ›Kai 'at el-Burak‹ (Burg der Teiche) trägt. In der Nähe der Teiche sind vier Quellen vorhanden: 'Ain el-Burak (die Kastellquelle), 'Ain es Sālih, 'Ain Farūdsche und 'Ain 'Alan. Zwischen dem Kastell und dem oberen Teich befindet sich ein Bauwerk, das als Wasserregulator diente *(Abb. 7 u. 8)*. In dasselbe fließt klares Wasser aus der Kastellquelle, das nach Belieben in den oberen Teich durch *A*, oder in die nach Bethlehem führende Leitung *D* eingelassen werden konnte. In diesen Behälter ergießt sich außerdem das Wasser einer zweiten Quelle,

rung und Verstärkung der Ostseite des unteren Teiches aufgeworfen worden ist *(Abb. 5)*. In einem hier eingebauten Kasten vereinigte sich eine Ableitung der Sālih-Quelle sowie die Abflussleitung der in ebenfalls geringer Entfernung entspringenden 'Ain 'Alan, mit dem Wasser der 'Ain Farūdsche *(s. Abb. 6)*. Von diesem Sammelkasten aus floss das Wasser durch die sogenannte niedrige oder untere Wasserleitung, welche auf *Seite 24* näher beschrieben wird, nach Bethlehem und Jerusalem. Die Wassermenge der vier erwähnten Quellen scheint für den Wasserbedarf Jerusalems im Laufe der Zeit nicht mehr ausgereicht zu haben, und wurden daher weitere entfernter liegende Quellen abgefangen und aus dem Wādi Bijār und Wādi 'Arrūb *(s. Lageplan Abb. 4)* mittelst Aquädukte nach den Salomonsteichen geleitet.

Das **Wādi-Bijār-Aquädukt**. Diese ziemlich gerade geführte Leitung besteht aus einem viereckigen, 45 – 60 cm breiten und stellenweise tieferen Kanal. Derselbe ist an der Oberfläche entlang und durch den Bergrücken, auf welchen er stößt, als Tunnel geführt. Das Wasser konnte entweder direkt nach Jerusalem oder in den oberen Teich geleitet werden. Von dem Tunnel führen neun viereckige Schächte (Licht- und Luftlöcher) an die Oberfläche. In das Leitungssystem ist ein Teich eingeschaltet, der das von den Tälern zusammenströmende Regenwasser aufzunehmen bestimmt war. Die Hauptquelle, durch welche die Wādi-Bijār-Leitung gespeist wurde, ist der Bīr el-Dāradsch.

Das **Wādi-'Arrūb-Aquädukt** wurde wahrscheinlich später als die Wādi-Bijār-Leitung erbaut und besitzt eine sehr viel größere Länge als diese. Die Hauptquellen, welche diese Leitung speisen, heißen 'Ain el-Chaschabe (Quellen des Holzes) und Rās el-'Ain. Ihr Wasser vereinigt sich in einem Teich von 55 m Breite, 73 m Länge und 6,7 m Tiefe. An der Ostmauer sind die Überreste einer Mühle vorhanden. Ein an dieser Stelle befindlicher großer Stein ist so ausgehöhlt, dass das Wasser entweder in den Teich oder durch eine Rinne nach dem Mühlwerk fließen konnte, auch war es möglich, das Wasser an dem Teich vorbeizuführen, in welchem Fall es an der Südostecke der Teichmauer hinabstürzte. Die Führung der Wādi-'Arrūb-

Leitung ist eine ungemein interessante. Die gerade Entfernung zwischen den Quellen und Jerusalem ist 5½ Stunden Wegeslänge. Die Leitung in der Richtung der Luftlinie zu führen, wäre nur mittelst sehr ausgedehnter Tunnel möglich gewesen, da vor dem Quelltal eine breite, in langgedehnten Tieftälern auslaufende Hochebene im Norden liegt. Um die Tunnel und Brücken zu vermeiden, hat man die Leitung mit wenig Gefälle an den Abhängen hin und her geführt, bis sie mit der Talsohle zusammenkommt und an der gegenüberliegenden Bergwand weitergeführt werden konnte. Die Leitung hat hierdurch eine ganz außerordentlich große Länge erhalten. Es ist sicher, dass die moderne Technik eine solche Trasse nicht gewählt haben würde. Durch ihre Führung dürfte jedoch gerade diese Wasserleitung für den Ingenieur beachtenswert sein, da sie ein deutliches Bild von der Geschicklichkeit der antiken Ingenieure in der Anpassung an die Terrainverhältnisse ablegt. Die Leitung besitzt einen Querschnitt von 60 cm Breite und von etwas größerer Höhe. Der Kanal ist auf große Strecken in Mauerwerk hergestellt, stellenweise ist er in den Felsen gehauen.

An Bauwerken besonderer Art sind auf der Strecke bis zu den Salomonsteichen eine Brücke und ein Tunnel zu verzeichnen. Die Brücke (Dschisr) über den Wādi el-Dschisr besteht aus einem, etwas spitzen Bogen von etwa 6 m Spannweite, an dem eine Restauration vorgenommen worden ist, wobei statt der ursprünglichen großen, gut behauenen Quader kleine Steine benutzt wurden und die Brücke eine geringere Breite erhielt. Der Tunnel besitzt drei Schächte. Die Leitung geht nach dem mittleren Teich, welchen sie am oberen Ende umkreist, *Abb. 6*, und läuft dann weiter zum Frankenberg und nach Jerusalem. Das Wasser konnte jedoch sowohl in den mittleren als auch direkt in den unteren Teich eingelassen werden.

Die Wasserleitungen von den Salomonsteichen zur Stadt Jerusalem und zum Frankenberg. Wie aus dem Plan *Abb. 6* ersichtlich ist, gehen von den Salomonsteichen verschiedene Leitungen nach Jerusalem. Mit Sicherheit sind bisher nur zwei Leitungen nachgewiesen worden, während für eine vermutete dritte Leitung noch die Beweise fehlen. Diese beiden Aquädukte sind die hohe und die untere Wasserleitung. Die hohe Wasserleitung ist in ihrem Gerinne in derselben Weise wie bereits oben beschrieben, hergestellt, die ganze Trasse ist nicht bekannt. In der Nähe von Rahels Grab, *Abb. 4*, besitzt die obere Leitung eine höchst beachtenswerte Eigentümlichkeit, indem sie hier aus einer wasserdichten steinernen Röhre besteht, wodurch die Möglichkeit gegeben war, das Wasser ab- und aufwärts führen zu können. Diese Röhre hat einen lichten Durchmesser von 38 cm und besteht aus einzelnen Steinblöcken, deren eine Ende eine ausgehauene Nut besitzt, während das andere zapfenförmig gestaltet ist. Die Rohrstücke greifen somit ineinander und sind an den Stoßstellen gut verkittet. Die Leitung steigt ziemlich steil bergan und hört auf dem höchsten Punkte des Bergrückens auf. Vielleicht ist diese Führung gewählt, um die flachen Täler bewässern zu können. Die Leitung ging vermutlich den Abhang hinab und alsdann am Berg Tantūr wieder hinauf. Von hier aus konnte sie alsdann als Kanal weitergeführt werden. Von dem Gerinne sind bisher nur einzelne Strecken genau ermittelt worden. Durch diese hohe Wasserleitung wurde nach Schick das Wasser der 'Ain es-Sālih,

der Kastellquelle und des Wādi Bijār-Aquädukts nach Jerusalem geführt. Als den Schöpfer dieser Leitung glaubt Schick, den König Salomo betrachten zu können. Die untere, nicht so schwierige Leitung ist nach des Genannten Ansicht von Herodes erbaut, der vermutlich auch die obere, schadhaft gewordene Leitung in der Nähe der Stadt wieder herstellen ließ. Durch die untere Leitung wurden die Stadt und der Tempel in ausreichender Weise mit Wasser versehen, als in späteren Zeiten die obere Leitung sich als nicht leistungsfähig genug erwiesen hatte; dieselbe scheint nämlich während der Zeit der babylonischen Gefangenschaft der Juden (585 – 538 v. Chr.) und während des Verfalls des israelitischen Staates vollständig unbrauchbar geworden zu sein. Die untere Leitung nimmt ihren Ausgangspunkt am unteren Teich, von welcher Stelle sämtliches nach den Becken geleitetes Wasser abgeführt werden konnte. Die Trasse zeigt außerordentlich viele Krümmungen und besitzt eine Länge von sieben Wegstunden. Bei Bethlehem speiste das Aquädukt einen brunnenartigen Schacht, aus dem die Bewohner ihren Bedarf schöpften. Er besitzt zwei kurze Tunnel, durch den zweiten wurde der auf dem Plan *(Abb. 4)* durch punktierte Linien angegebene Umweg vermieden. Das obere und untere Aquädukt treffen an der Brücke über das Hinnomtal zusammen. Die Leitung läuft dann um den Südwesthügel von Jerusalem und speiste beim Wilsonschen Bogen und im Tyropöontal Brunnen sowie durch einen nördlichen Arm später zwei sarazenische Fontänen. Der Endpunkt liegt auf dem Tempelplatz und bildet den Brunnen daselbst, el-Kās (Becher) genannt.

An der unteren, von Herodes erbauten Wasserleitung haben Pilatus und die

Araber Ausbesserungen vorgenommen. Die Leitung wurde im Laufe der Zeit durch irdene rund 20 cm weite Röhren ersetzt, deren fortwährende Verstopfungen allmählich zu einer Vernichtung der Leitung führten. Eine Abzweigung dieser Leitung bei Artās führte zum Frankenberg, dem berühmten Herodium des Herodes, welcher Leitung auch das Wasser einer bei Artās befindlichen Quelle zugeführt werden konnte,

Die Wasserzuführung nach dem Tempelhof war eine Notwendigkeit, da der auf die persönliche Reinheit der Priester und der Andächtigen, sowie auf zahlreiche Opferhandlungen begründete Jehovadienst in der Form, wie derselbe von Salomo in seinem Tempel eingeführt worden war, ohne reichliche Wasserfülle nicht bestehen konnte. Die Überleitung des Zweiges des Salomonischen Aquädukts nach dem Tempelberg geschah nach der Ansicht von Altens mittelst jenes Brückendammes, der zur bequemen und sicheren Verbindung der verschiedenen Paläste auf den beiden, durch das Stadttal getrennten Hügeln unter Salomo hergestellt worden war.

Eine notwendige Folge der reichlichen Wasserzuführung war die Schaffung von Abzügen für das benutzte oder überschüssige Wasser. Von diesen, nicht mit den eigentlichen Kloakenleitungen zu verwechselnden Abflusskanälen hat man mannigfache Spuren festgestellt. So glaubt von Alten die Ableitung aufgefunden zu haben, die für die Entfernung des für den Tempeldienst erforderlich gewesenen Wassers gedient hat.

Der genannte Forscher ist der Ansicht, diese Leitung in den so genannten ›Nasenlöchern‹ gefunden zu haben. Das benutzte Wasser floss hiernach durch eine kreuzförmige Zisterne und ergoss sich von hier durch einen noch sichtbaren Kanal in das Kidrontal. In diesem Tal hatte unter der oberen Kidronsbrücke ein von der Priesterwachtstube Beth-Mokad im Norden des Tempels ausgehender Kanal ebenfalls seine Ausmündung. Von dem ›Becken des Hofes‹, einer Nachbildung des Ehernen Meeres, floss das Wasser nach den beiden südlich von demselben gelegenen Palästen, dem alten Davidhaus und nach dem salomonischen Zedernhaus. Das schmutzige Wasser dieser beiden Gebäude floss aller Wahrscheinlichkeit nach in die noch erhaltene Kloake, die sich nach dem Kidrontal hinzieht. Das noch brauchbare Trinkwasser sammelte sich zunächst in einem aufgemauerten, künstlichen Teich und stürzte dann in ein Reservoir, das den Namen Jungfrauen- oder Marienquelle führt. Der Abfluss des Letzteren mündet ebenfalls in das Kidrontal.

König Hiskias leitete nach der Ansicht von Altens viel später den Abfluss des genannten Brunnens nach dem Siloahteich, zu welchem Zweck der bereits beschriebene Felsendurchbruch hergestellt worden sei, eine Ansicht, die jedoch und wohl mit Recht auf Widerspruch stößt.

Nach Schicks Ansicht wissen wir bis jetzt nicht genau, welche Werke Hiskia insgesamt für die Wasserversorgung von Jerusalem zur Ausführung hat bringen lassen. In der Hauptsache war, wie solches bereits in dem Vorangegangenen erwähnt ist, das Bestreben dieses Königs darauf gerichtet, die Zisternen, Wasserbehälter und Quellen außerhalb der Stadt unkenntlich zu machen und die Wassermengen unterirdisch der Stadt zuzuführen. Auch ist es sicher, dass Hiskia durch Herstellung einer starken Dammmauer in dem so genannten Westtyropöon einen Teich, den Hiskiateich, anlegen ließ. Schick glaubt außerdem annehmen zu können, dass aus der Zeit dieses Königs noch andere Teiche, sowie einige der großen Wasserbehälter auf dem Tempelplatz (so auch die sogenannte Helenazisterne) stammen.

Die von den Wasserversorgungsanlagen verschiedener anderer Städte Palästinas erhaltenen Reste stammen teils aus älterer Zeit, teils verdankten diese Werke ihre Entstehung den Römern, die hier eine außerordentlich umfangreiche Bautätigkeit entwickelten.

In Hebrôn, der Stadt der Erzväter, wurde das Wasser der zahlreichen, in der Umgebung vorhandenen Quellen sowohl für die Bewässerung des Landes als auch zur Versorgung der Stadt benutzt. Vor den Toren finden sich ein großer und ein kleiner Teich. Der größere Teich bildet ein Quadrat von 40½ m Seitenlänge und hat eine Tiefe von 6,6 m. Zwei Treppenfluchten von je 54 Stufen führen in das Bassin hinab, um das Wasser schöpfen zu können. In diesen Becken wird noch jetzt das Regenwasser gesammelt. Ob diese Behälter tatsächlich antik oder nur an der Stelle antiker Teiche errichtet sind, ist eine offene Frage. In der Umgebung der Stadt liegt der sogenannte Brunnen des Vaters Abraham.

Ähnliche künstliche Teiche, wie sie Syrien aufweist, hat man auf Zypern gefunden, dieser uralten, phönizischen Niederlassung, von der aus die weitere Kolonisation der Phönizier nach allen Richtungen hin ihren Ausgang genommen haben dürfte. Auf dem, die Spuren einer sehr frühen Besiedlung zeigenden Löwenhügel bei Nikosia, der von neueren Forschern für die Akropolis des alten Ledroi gehalten wird, welcher Stadtname bereits in einer Tributliste der assyrischen Könige Assarhaddon (681–668 v. Chr.) und Assurbanipal (668–626 v. Chr.) vorkommt, hat man innerhalb eines durch antike Befestigungsmauern eingeschlossenen Raums sechs rechtwinklige, in die Felsen gehauene Vertiefungen gefunden, die jedenfalls als Wasserbehälter gedient haben. Drei derselben sind nur von geringer Tiefe, einer der übrigen hat eine Tiefe von etwa 12 m.

Dem Wasserzuführungssystem des Barâda verdankt Damaskus, dass es, wie wohl keine andere antike Stadt, nach allen Richtungen hin mit fließendem Wasser im reichsten Maße versehen wurde. Kein Stadtteil, kein Marktplatz, fast kein Haus, ist ohne Wasserzuführung geblieben und dieser außerordentliche Wasserreichtum hat Damaskus und seine Umgebung in späterer Zeit zu dem ersten der vier Paradiese der Moslems erhoben.

Die Verteilung des Barâdawassers und das hierdurch in der Mitte der Syrischen Wüste geschaffene Paradies (bei Damaskus el Ghûtha genannt) spielt in der Sage und in der Geschichte des Orients eine große Rolle. Damaskus war von den frühesten Zeiten an ein wichtiger Verkehrsknotenpunkt, an dem sich die Straßen vom Euphrat, von Ägypten, von Sidon und Tyrus vereinten. Der höchste Glanzpunkt in der Entwicklung dieser Stadt fällt in die Zeit des Kalifats, in welcher Periode sie die Residenz der Omejaden wurde. Damals nahm die Stadt mit ihren Zaubergärten außerordentlich zu, und eine Unzahl von Moscheen, Minaretten, Palästen, Kanälen und Fontänen, sowie Luftorte aller Art schmückten sie. Aus dieser Zeit stammen die Bezeichnungen ›die Perle des Orients‹, ›die Paradiesduftende‹, ›das Halsband der Schönheit‹ und viele andere dergleichen Namen.

Ob die Wasserzuführung in den Häusern, wie sie Seetzen in seinen Tagebüchern beschreibt, in der gleichen Art bereits im Altertum bestanden hat, oder ob diese Anordnung, was wohl wahrscheinlicher sein dürfte, aus der Zeit des Mittelalters stammt, muss vorläufig unentschieden bleiben. Die Häuser besitzen in ihrer Mitte einen kleineren oder größeren Hof, der mit bunten, polierten Steinen mosaistisch gepflastert ist. In der Mitte des Platzes liegt ein Marmorbassin, in das sich beständig fließendes Wasser aus kleinen Röhren murmelnd ergießt. Aus diesem Hofbecken füllt sich ein kleines, in der Küche gelegenes Bassin, aus dem das überflüssige Wasser durch unterirdische Röhren nach dem heimlichen Gemach abfließt. Eine ähnliche Fontänen-Anordnung in der Mitte des Hofes hat man in den Ruinen von Palmyra aufgefunden, woselbst diese Anlage in noch größerer und prachtvollerer Weise ausgeführt war.

Im Nordosten von Damaskus hat man die Ruinen einer Stadt entdeckt, deren Name bis jetzt unbekannt geblieben ist. Zu den Resten einstiger Pracht und Herrlichkeit gehört ein Aquädukt von einer Viertelmeile Ausdehnung. Das überschüssige Wasser ergoss sich in den benachbarten See, den Bahr el Merdsch.

Die Stadt Aleppo (Haleb oder Beroä im Altertum) verdankt in der Hauptsache ihre Wasserzuführung einem kleinen Fluss Kuweik, von welchem eine größere Anzahl Kanäle, in ähnlicher Weise wie am Barâda, abgeleitet ist, Anlagen, die jedenfalls ein hohes Alter besitzen und die zu Saladins Zeiten restauriert wurden. In späterer Zeit kamen die persischen Schöpfräder zur Verwendung, um das Wasser bei der Stadt aus dem Fluss zu heben.

In dem Götterkult der Syrer spielte das Wasser eine große Rolle und man findet daher an den bedeutenden syrischen Tempelorten umfangreiche Werke für eine genügende Zuführung des Wassers, für dessen Aufnahme in der Nähe der Tempel große Wasserbassins angeordnet wurden. Derartige Bassins sind an einer größeren Anzahl Orte, so besonders auch in Palmyra gefunden worden. Der Kultus der syrischen Völkerschaften trug mithin zur Anlage von Wasserleitungsbauten wesentlich bei.

Innerhalb der Area des Sonnentempels liegen in Palmyra zwei große Wasserbassins, zwischen welchen der Weg von dem prächtigen Hauptportal zum inneren Tempelhof führte. Diese Bassins haben eine Länge von 60 m, eine Breite von 30 m und eine Tiefe von 2½ m. Die Tempelbesucher stiegen auf 8 Stufen hinab, um ihre Ablutionen, d. h. die vorgeschriebenen Waschungen vorzunehmen.

Die Wasserversorgung der altberühmten Stadt Hamah (Epiphania) in Syrien wird durch persische Schöpfräder bewirkt, die das Wasser aus dem Fluss in die höher gelegenen Wohnungen schaffen. Die Größe dieser Räder ist ziemlich bedeutend (bis 24 m Durchmesser). Die Kanäle und Aquädukte, in welche sich das gehobene Wasser ergießt, haben keine bedeutende Länge (etwa 200 m). An denselben ist der Name der Erbauer angebracht, doch wird leider hierüber von den Reisenden nichts berichtet, so dass eine Altersbestimmung nicht möglich ist, und die Frage offenbleiben muss, ob wirklich bereits im Altertum dasselbe Prinzip der Wasserversorgung zur Anwendung gekommen ist, welches jetzt daselbst Verwendung findet, eine Annahme, die nicht allzu viel Wahrscheinlichkeit für sich hat. In ähnlicher

Weise findet auch die Wasserversorgung von Adana statt. Die großen Schaufelräder (Na'ûr genannt) heben das Wasser aus dem Fluss Seihun und gießen es in Kanäle aus, die das Wasser nach allen Teilen der Stadt leiten. Die Aquädukte weisen Reste antiken Ursprungs auf. Dieselben wurden, wie aus Inschriften hervorgeht, von einem römischen Architekten erbaut.

Von den Werken des Haurân verdienen die zu dem Zweck der Wasserversorgung der Städte geschaffenen eine nicht weniger eingehende Beachtung, als sie den Schöpfungen der Architektur dieses Landes mit Recht zu Teil geworden ist. Für die städtische Wasserversorgung kamen Zisternen verschiedener Art sowie Wasserleitungen zur Ausführung. Die Zisternen und Birkets sind außerordentlich zahlreich; es finden sich solche in Schohba, in Dhami, in der Ledscha, in Remtha, woselbst durch drei Quermauern in dem dortigen Wadi zwei Teiche gebildet werden, in Sueida, woselbst einer der Teiche 230 m im Umfang und über 9 m Tiefe hat, in Kereye, in Bostra.

Von den Wasserleitungen ist an erster Stelle das Werk Gebeles, die Kanâtir, zu nennen, die heute den Namen des pharaonischen Aquädukts (Kanâtir-Fir' ôn) trägt. Diese Leitung, die von manchen, jedoch wohl mit Unrecht, für ein römisches Werk gehalten wird, beginnt in dem el Gâb genannten Sumpf bei Dilli, und endet, nachdem sie die Landschaft Suêt durchquert hat, bei den Ruinen der Stadt Mukês, (welche Stadt für das biblische Gadara gehalten wird). Die Länge des Aquädukts beträgt 20 Stunden. Die Vertiefungen wurden durch Überbrückungen ausgeglichen, ebenso wurden die haurânischen Wâdis (Wasserläufe) überbrückt. Von den Überführungen ist namentlich das zwischen Arâr und Hubbe vorhandene Aquädukt sowie der einst auf einem kühnen Bogen ruhende Wasserkanal über den Zêdi erwähnenswert. Bei der Stadt Der' ât, die durch den Zêdi von der Kanâtir getrennt ist, wurde das Wasser auf Bogen in einen am oberen Abhang des Wadiufers stehenden, ›Pharaosturm‹ genannten Bau und dann mittelst eines Siphons auf das andere Ufer geleitet. Das Wasser läuft von dem genannten Turm in Röhren unter der Erde bis zu dem tiefer liegenden Niveau der Brücke, die eine Länge von 230 m besitzt. Die Leitungsröhren sind in die 1½ m starke Brustwehr eingebettet. Dieselben bestehen aus gebrannten Tonröhren von 1½ m Länge und 20 cm Durchmesser. Auf der anderen Seite steigt das Wasser wieder zu dem Hochplateau, auf welchem Der' ât liegt, empor. Durch das Vorhandensein des Hebers hat dieses Bauwerk doppeltes Interesse.

Wasserversorgungsanlagen der Griechen

Von frühen Zeiten an brachten die Griechen dem Wasser eine große Verehrung dar. Nach hellenischem Gefühl war es ein Frevel, mit den Füßen rücksichtslos in das Wasser hineinzutreten. Der Wanderer, der das Wasser durchschritt, ohne mit reinen Händen, den Blick auf das Wasser gerichtet, sein Gebet gesprochen zu haben, wurde mit der Strafe der Götter bedroht. Wie im Orient, so waren auch in Griechenland die Wasserplätze die Segensorte des Landes. Man pries die Quellen und brachte ihnen Weihegeschenke dar. Bereits Aristoteles bezeichnet es als den wichtigsten Vorzug jeder städtischen Ansiedlung, einen genügenden Vorrat an gesundem Trinkwasser zu besitzen. Die Abschneidung oder Verunreinigung des Trinkwassers war im Kriege der empfindlichste Angriff. Um diesem Unheile nach Möglichkeit vorzubeugen, führten die Griechen, in wahrscheinlicher Anlehnung an die Syrer, ihre Leitungen unterirdisch. Die Vergiftung von Quellen und Wasserläufen, zu welcher vielfach Helleborus verwendet wurde, war ein weit verbreitetes Kriegsmittel. Gegen derartige Verunreinigungen gab es eine Reihe von Gegenmitteln. Vitruv z.B. gibt Salz als Heilmittel an. Nach Aristoteles konnte man an der Behandlungsweise des Wassers am besten den Bildungsstand einer Bürgergemeinde erkennen. Trinkquellen glaubte man bereits geschändet, wenn sie auch nur einmal zum Abspülen von Gewändern benutzt worden waren. Die öffentlichen städtischen Wasserentnahmestellen, die Brunnen, wie auch etwaige Quellen, pflegten die Griechen in künstlerischer Weise zu schmücken und einzufassen. In größeren Städten waren Quellen nur ausnahmsweise in größerer Zahl vorhanden. Die Schaffung einer genügenden Zahl Brunnen war eine wichtige Aufgabe der Behörden, in Athen lag sie den Agoranomen ob. Auf dem Lande hatten besondere Beamte sowohl für die Instandhaltung der Brunnen als auch für die gesetzmäßige Benutzung der Wasserläufe, der Brunnen und Quellen zu sorgen. Curtius ist der Ansicht, dass das Solonsche Gesetz, durch welches bestimmt wurde, dass ein öffentlicher Brunnen im Umkreis von 4 Stadien (= 740 m) benutzt werden durfte, wohl nur auf dem Lande Geltung gehabt haben dürfte. Nur jene, die nachzuweisen vermochten, dass sie ohne Erfolg zehn Klafter tief auf ihrem Boden gegraben hatten, ohne Wasser anzutreffen, durften täglich zweimal aus dem nächsten Brunnen eine bestimmte Menge Wasser holen.

Der künstlerische Sinn der Griechen, sowie die Pietät, die sie den segenspendenden Gewässern gegenüber bekundeten, führte, wie bereits erwähnt, zu einer Verzierung derselben durch architektonischen und plastischen Schmuck. Die Brunnen umgab man mit Einfassungen, auch überbaute man sie wohl gänzlich; verschiedene derartige Brunnen- und Quellenhäuser sind erhalten geblieben. Das bemerkenswerteste Quellenhaus ist dasjenige auf der Insel Kos *(Abb. 10)*. Das Wasser der an einem Bergabhang entspringenden Quelle ist hier in ein kreisrundes Gemach von 2,85 m Durchmesser geleitet, das seiner Form nach den bekannten Kuppelgräbern von Mykene gleicht, und läuft durch einen 2 m hohen und 35 m langen unterirdischen Gang ins Freie. Über dem eigentlichen Quellenraum befindet sich in der Mitte der Kuppel ein Luftschacht, durch welchen frische Luft zugeführt wird. Neben dem Kuppelraum liegt über dem Gang ein zweites Gemach, das man für ein Nymphäum hält. Die alten Griechen weilten mit großer Vorliebe an den Quellen und so kam es, dass man gern deren Ausmündungen mit kunstvollen Grotten schmückte. Hier fanden sich die Stadtbewohner ein, um sich am Würfelspiel und an Gesprächen zu ergötzen. Auf diese Grottenbauten führt man die eigentlichen Nymphäen zurück, prachtvolle Häuser neben den Bädern, die den Nymphen geweiht waren.

Die öffentlichen Straßenbrunnen waren ebenfalls vielfach durch plastischen Schmuck verziert. Besonders beliebt war es, das Wasser aus verzierten Röhren herauslaufen zu lassen, deren Mündungsstücken man die Form von Tiermäulern und Silensköpfen gab, außerdem stellte man Figuren, die einen sinnvollen Zusammenhang mit dem Wasser besaßen, neben den Brunnen auf. Dieser Gebrauch hat besonders durch die alexandrinische Kunst eine große Förderung erfahren und wurde später von den Römern übernommen. Die öffentlichen Plätze griechischer Städte waren auch in vielen Fällen mit Springbrunnen ausgestattet. In Athen entfaltete namentlich Menton auf diesem Gebiet eine große Tätigkeit; er schuf eine Anzahl mit den Wasserleitungen in unmittelbarer Verbindung stehender Fontänen.

Sobald bei dichterer Bebauung die Stadtquellen nicht mehr für die Wasserversorgung ausreichten, musste eine anderweitige Aushilfe gesucht werden. Die klimatischen Verhältnisse wiesen auf die Anlage von Zisternen hin. Die Zisternenanzahl war natürlich da am größten, wo der Untergrund am trockensten und die Bevölkerung am dichtesten war. Wie manche andere griechische Stadt besaß Athen eine große Anzahl dieser Anlagen, welche die Form senkrechter Schächte hatten und sich unten flaschenartig erweiterten. Um in diese Zisternen hinabzusteigen und sie reinigen zu können – eine Arbeit, deren leichte Ausführung besonders wichtig war –, waren die Seitenwinde mit Absätzen versehen. Zur Dichtung der Zisternen wurde von Stuck Gebrauch gemacht, mit welchem Material die Wände überzogen wurden. Durch die Vorliebe der Alten für Regenwasser, das für besonders gesund galt, wurde die Herstellung von Zisternen befördert.

Bereits alte Gesetzgebungen des Morgenlandes verlangten von einem geordneten Gemeinwesen, dass jedes Haus seinen Wasserbehälter hatte. Curtius ist der Ansicht, dass hier nur an Zisternen gedacht werden kann. Letzteres dürfte jedoch in dieser Allgemeinheit nur dann ganz zutreffend sein, wenn man unter Zisternen nicht nur die Behälter zur Aufnahme von Regenwasser verstellt, sondern hierzu auch jene Wasserkammern zählt, welchen, wie z. B. in Alexandria, durch Kanäle oder, wie in verschiedenen syrischen Städten (Damaskus, Aleppo), durch Abzweigungen von den Flüssen das Wasser zugeführt wurde. In Griechenland waren die Zisternen teilweise auch für größere Bezirke berechnet und besaßen demgemäß, ähnlich wie im Orient, größere Abmessungen. Solche Felskammern finden sich an der abschüssigen Seite der Akropolis und am Rand öffentlicher Gebäude.

Über Zisternen mit Oberbau liegen bis jetzt genügende Forschungen nicht vor. Curtius meint, dass die Überbauten das Emporziehen des Wassers erleichtern und gleichzeitig das angesammelte Wasser vor Verunreinigungen schützen sollten. Die Regenwasserbehälter finden sich außer in der Form von Zisternen auch als große, offene Reservoirs. Eines der größten dieser Art ist in den Ruinen von Thuria in Messenien vorhanden. Dasselbe ist teilweise aus dem Fels gehauen, teilweise aus Felsstücken erbaut. Der Wasserbehälter ist 4 m tief, 15 m lang und 7½ m breit und im Inneren durch drei Quermauern geteilt. Derartige Zisternen finden sich auf zahlreichen Felsenburgen der griechischen Länder. So ist auf dem Burgplateau von Sylleion eine große unterirdische Zisterne vorhanden, deren mächtige Steinbalken auf 15 Pfeilern ruhen. Die bedeutendste Anlage dieser Art überhaupt ist nach Hirschfeld die bin Bir Derek, in der Nähe des Atmeidan zu Konstantinopel. Die auf der Burg von Selinunt vorhandene Zisterne ist inwendig mit Zylindern aus gebranntem Ton ausgemauert. Zwischen den Fugen sind halbmondförmige Ausschnitte für den Fuß des Hinabsteigenden angeordnet. In Attika befanden sich in den Zisternen quergelegte Balken, auf denen man hinabsteigen konnte.

Neuerdings hat man die aller Wahrscheinlichkeit nach älteste Wasserversorgungsanlage in Griechenland, nämlich diejenige von Mykene, aufgedeckt. Nordöstlich von der kleinen Ausfallspforte ist ein durch die Mauer führender Gang aufgefunden worden, der in der Art der zu Tiryns vorhandenen Galerie durch Vorkragen der Steine spitzbogenartig überdeckt ist. Dieser Gang geht außerhalb der Mauer unterirdisch weiter, und zwar erst in nördlicher, dann in westlicher und endlich in nordöstlicher Richtung. Am Ende des Ganges liegt ein viereckiger Brunnen von 3,70 m Tiefe und 1 resp. 0,84 m Seitenlänge. Über dem Brunnen befindet sich in der Decke ein Loch, in welches eine Tonröhrenleitung mündet. Man nimmt an, dass diese Leitung von der Quelle Perseia kommt. Die damalige Technik gab noch nicht die Mittel an die Hand, das Wasser der Quelle direkt in die Burg zu leiten und so wählte man den Ausweg, das Wasser so nahe wie möglich an die Burg heranzuführen und dasselbe in ein Reservoir austreten zu lassen, das man mit der Burg durch einen unterirdischen Gang verband und von dem daher an der Oberfläche keinerlei Spuren vorhanden waren. Gleichfalls sehr alte Wasserversorgungsanlagen weist Argos auf.

Abb. 10. Grundriss und Längenschnitt durch das Quellenhaus auf Kos.

Wie bereits für die Erbauung mancher der früher beschriebenen Wasserwerksanlagen der religiöse Einfluss nachweisbar war, so lässt sich auch bei den Griechen eine einflussreiche Wirkung dieses Momentes erkennen. In erster Linie wurden Quellenbauten dem Gottesdienst geweiht und erfuhren eine deutliche Kennzeichnung dieses Zweckes durch die ihnen gegebene Tempelform. Derartige heilige Quellhäuser waren vielbesuchte Wallfahrtsorte. Als Weihegaben wurden u. a. auch Münzen verwandt, welche in das Wasser geworfen wurden. Die Tempelquellen dienten gleichzeitig zur Bewässerung der die Tempel umgebenden gartenähnlichen Lorbeerhaine. Auch in Griechenland existierten kleine, heilige Seen und Teiche, in denen Fische gehalten wurden.

Die Tempel sind nach Curtius als die Schulen für die Technik des hellenischen Wasserwerksbaues anzusehen. In der Schaffung einer großen Anzahl von Wasserleitungen gab die Ingenieurtechnik der Hellenen ein glänzendes Zeugnis ihrer Leistungsfähigkeit.

Wie in anderen Ländern, so drängte auch in Griechenland die größere Ausdehnung der Städte schließlich zu der Schaffung künstlicher Wasserleitungsbauten, durch welche den Städten die Zuführung großer Wassermassen gesichert wurde. Diese Wasserleitungen wurden in der Mehrzahl durch unterirdische Kanäle gebildet, die gleich denen in Syrien mit Luftschächten versehen sind. So weist die Leitung, welche vom Pentelischen Gebirge Athen einen Teil seines Wasserbedarfes zuführte, 110 derartige Luftschächte auf, deren Durchmesser zwischen 1,25 m und 1,55 m schwankt und deren Entfernung voneinander 40–50 m beträgt. Ähnlich wie später in Korn, gab es auch in Athen

das Amt eines Aufsehers der Wasserleitungen, das als ein sehr bedeutendes und verantwortliches galt, und welches ein Themistokles längere Zeit verwaltet hat. Diesem Beamten stand die Gerichtsbarkeit gegen jeglichen unrechtmäßigen Wasserverbrauch zu. Besonders war es die Zeit der Tyrannis, die in Griechenland und seinen Kolonien eine größere Anzahl bedeutungsvoller Schöpfungen auf dem hier in Betracht kommenden Gebiet entstehen ließ. Die Anlegung von Wasserleitungsbauten war durch ihren großen Nutzen für die Allgemeinheit in der Tat geeignet, ihren Schöpfern die Volksgunst zu erwerben. Die Anlagen von Athen, Theben, Megara, sowie von Akragas und auf Samos sind zum weitaus größten Teil dem Einfluss und der Tätigkeit der Tyrannen zuzuschreiben.

Über die antiken Wasserleitungen Athens sind Ziller eingehende Angaben zu verdanken. Nach diesen Untersuchungen besaß Athen zur Zeit seiner Blühte, in welcher Periode diese Stadt etwa 200 000 Einwohner zählte, ausgedehnte und zahlreiche Anlagen sowohl zur Versorgung mit Trink- und Gebrauchswasser als auch für die mannigfaltigen sonstigen Zwecke, zu welchen eine Großstadt Wasser bedarf. Ziller führt im Ganzen 18 verschiedene Leitungen auf, von welchen jedoch an dieser Stelle nur die bemerkenswertesten eine Berücksichtigung finden sollen.

Etwas unterhalb der Quelle Kallirrhoe, die nach Dörpfelds Ansicht durch Peisistratos zu dem Stadtbrunnen umgeschaffen wurde, befindet sich im Flussbett des Ilissos ein Schacht von etwa 1,3 m im Quadrat, in welchen das Flusswasser einströmt. Von dieser Einflussstelle ab fließt das Wasser unterirdisch weiter in einem Kanal, der unter dem Flussbett in dem felsigen Untergrunde vorgetrieben ist. Der Kanal liegt mit seinem Scheitel ungefähr 2 – 2,5 m unter der Sohle des Flussbettes. In Abständen von 57 – 65 m, teilweise auch in größeren Entfernungen, sind Luftschächte vorhanden. Diese Luftschächte sind auf beiden Seiten des Flusslaufes anzutreffen, ein Beweis dafür, dass die Leitung den Fluss kreuzt. In der Ebene zwischen Athen und dem Piräus tritt das Wasser zu Tage und wird nach den hier liegenden Weingärten geleitet. Ziller ist der Ansicht, dass im Altertum die Luftschächte geschlossen gewesen seien und dass das Wasser nur durch das Flussbett, und somit gleichsam filtriert in den Kanal eingedrungen sei. Ein derartiges kostspieliges Werk kann nach dem genannten Autor jedoch nicht zu dem Zweck angelegt worden sein, um damit die Ländereien der Ebene zu bewässern, da solches durch Wehranlagen im Flussbett des Ilissos viel leichter und billiger zu erreichen gewesen wäre. Ziller erblickt aus diesem Grund in der Wasserleitung unter dem Fluss eine Wasserversorgungsanlage für den wasserarmen Piräus. Die Leitung sei jedenfalls zwischen den langen Mauern angelegt worden, um sie vor feindlichen Zerstörungen besser schützen zu können und um ein Abschneiden des Trinkwassers zu erschweren. Ziller setzt als Zeit der Erbauung etwa die Zeit der Errichtung der langen Mauern an, während von anderer Seite die Herstellung des Werkes dem bekannten Mathematiker Menton zugeschrieben wird. Eingeschaltet möge werden, dass oberhalb des Munychia-Theaters auf dem Piräus eine eigenartige unterirdische Anlage vorhanden ist. Ein breiter Treppenschacht führt hier auf 165 Stufen 65 m tief zu einem horizontalen, mit Stuck ausgestrichenen Gang hinab. Dieser Stollen ist jedenfalls zur Gewinnung von Wasser zur Ausführung gekommen, wie ähnliche, jedoch kleinere Stollen noch mehrfach im Piräus vorkommen, auch am Lykabettos nachweisbar sind. Milchhöfer meint, die Mächtigkeit dieser Anlage erinnere an die Werke der Minyer in den böotischen Landen und sei als ein Beleg dafür anzusehen, dass die Munychia bereits in vorhistorischer Zeit eine Rolle gespielt habe und befestigt gewesen sein dürfte.

Die bedeutendste Brunnenanlage Athens befand sich am Fuß des Pnyxfelsens, sie bildete wahrscheinlich den Stadtbrunnen Athens, die Enneakrunos. Zur Vermehrung der Wasserergiebigkeit wurden Stollen und Felskammern angelegt und als Wasserbehälter ausgenützt. Bis jetzt sind 7 Felskanäle und 6 Wasserkammern aufgefunden. Da diese Anlage trotz aller Vergrößerungen nicht genug Wasser zu schaffen vermochte, so legte Peisistratos im 6. Jahrhundert eine großartige Felsleitung an; durch welche das Wasser aus dem oberen Ilissostal nach dem Brunnenplatz geleitet wurde. Peisistratos ahmte hierbei das Beispiel nach, das andere Tyrannen dieser Zeit gaben.

Am Ende der Leitung wurde oberhalb des Brunnenplatzes ein mächtiger Wasserbehälter angelegt. In römischer Zeit wurde diese Leitung verlängert. Das zwischen dem Wasserbehälter und der Akropolis befindliche Stück der Wasserleitung bildet einen begehbaren Kanal, der aus großen Porosquadern besteht. Seine Höhe beträgt 1,3 – 1,5 m, die Breite 0,65 m. Von diesem Kanal gehen zwei Tonrohrleitungen ab, deren Rohrstücke aus einem feingeschlemmten, gelblichen Ton bestehen und rund 60 cm lang sind. Die Stücke sind durch Bleierguss gedichtet und besitzen je eine Öffnung, in der Art und Weise der Leitungsrohre der noch zu beschreibenden Wasserleitung von Samos. Diese Röhren haben sich im Laufe der Zeit vollständig zugesetzt, und das Wasser floss schließlich oberhalb der Rohre. An einzelnen Stellen, an denen der Fels weich war, sind Einstürze erfolgt, auf einer Länge von 30 m hat eine Verlegung der Leitung stattgefunden.

Weisen schon die Formen der Tonrohre eine frappante Ähnlichkeit mit jenen zu Samos auf, so muss auch darin eine Übereinstimmung der beiden Bauanlagen erblickt werden, dass über dem Stollen zu Athen ebenfalls ein an mehreren Stellen mit dem unteren verbundener, zweiter Felstunnel vorhanden ist. In Abständen von 30 – 40 m stehen beide Stollen durch senkrechte, bis 12 m tiefe Schächte in Verbindung, die auch in diesem Fall zum Herausschaffen des Ausbruchsmaterials gedient haben.

In einem der Stollen stehen die Luftschächte nicht auf, sondern neben dem Kanal, wodurch der Vorteil erreicht war, dass die Arbeiter bei dem Hinabsteigen nicht sogleich in das Wasser traten, was eine Erleichterung der Reinigungsarbeiten bedeutete.

Das moderne Athen wird durch eine von Nordost herkommende alte Wasserleitung mit gutem Trinkwasser versorgt. Da diese Leitung im Laufe der Jahrhunderte in einen immer schlechteren Zustand geriet, so wurde sie Mitte des 19. Jahrhunderts einer gründlichen Reinigung unterzogen. Während der obere Teil unverändert geblieben ist, sind in den unteren Partien zu verschiedenen Zeiten Veränderungen vorgenommen worden. Im Jahr 1877 wurde die Wasserleitung von Chalandri bis zum Quellengebiet einer Reinigung unterzogen, bei welcher Gelegenheit auch die Luftschächte wieder freigelegt sind, deren Durchmesser 1,2 – 1,5 m beträgt; ihre Tiefe schwankt zwischen 9 – 10 m. Das Gerinne hat eine Breite von 0,7 m und eine Höhe von 0,6 m. Um den Wasserkanal dichtzumachen, wurde er mit Stuck geputzt. An Stellen, an welchen der Felsen klüftig ist oder die Wasserleitung nicht durch den Fels geht, ist das Gerinne ausgemauert und mit Ziegeln überwölbt. Zwischen Chalandri und Herakli liegt das Aquädukt an einzelnen Stellen so tief, dass die Luftschächte eine Höhe von 45 m haben. In den Hauptstrang münden verschiedene Nebenleitungen ein. Die Ausführung ist je nach dem Material, das an Ort und Stelle zur Verfügung stand oder leicht beschafft werden konnte, eine außerordentlich verschiedene und zeigt eine große Anpassungsfähigkeit der Erbauer an die vorliegenden Verhältnisse. Ziller glaubt, dass bis jetzt die Frage nach der Erbauungszeit der einzelnen Wasserleitungen Athens in den meisten Fällen nicht mit Sicherheit zu beantworten ist, da an einem und demselben Werke häufig die verschiedensten Bausysteme zur Anwendung gekommen sind. Im allgemeinen können zwar die durch den Fels getriebenen Wasserleitungen für die älteren gehalten werden, es ist jedoch darauf hinzuweisen, dass diese Art der Ausführung gleichzeitig mit dem Gewölbesystem zur Anwendung gekommen ist. Da alle Wasserleitungen an ihrer Innenseite mit hydraulischem Mörtel verputzt sind, so kann die Verwendung von Mörtel ebenfalls nicht einen sicheren Schluss auf eine spätere Bauzeit zulassen, wohl aber darf man mit Recht annehmen, dass die kleineren Wasserleitungen älter sind, als die großen Werke, welche der Glanzperiode der Stadt ihre Entstehung verdanken dürften.

Von den übrigen griechischen Städten besaßen namentlich Megara, Theben, Kirrha, Demetrios und Pharsalos bedeutendere Anlagen zur Wasserversorgung.

Die megarische Wasserleitung verdankte ihre Herstellung Theagenes. Sie führte das Wasser der Quellen des Kithairon in einer gemauerten Rinne der Stadt zu. In Theben, der reichsten Quellenstadt Griechenlands, wurde durch eine unterirdische Leitung, deren Anfang unbekannt ist, das Wasser durch die südlich der Stadt liegenden Höhen und auf gemauerten Bogen in die Stadt geführt. An zwei Stellen kann man in den Stollen hinabblicken und das Wasser fließen sehen. An der Oberfläche entlang gehende Felskanäle besitzen die beiden thessalischen Städte Demetrios und Pharsalos. Die Leitungsrinne besitzt in erster Stadt eine Tiefe von 2,1 m und eine Breite von 60 cm und ist auf der oberen Seite mit flachen Steinen abgedeckt. In Pharsalos besteht die Abdeckung aus breiten Steinplatten, die auf einem Falz beiderseitig aufliegen. Überreste kleinerer Anlagen haben sich unter anderen Orten auch bei Navarin (Pylos) und Androussa erhalten.

Fremdem Einfluss verdankten auf griechischem Boden zum Teil die Anlagen zur Wasserversorgung Olympias und die Aquädukte von Korinth und Athen ihre Entstehung. Die römische Wasserleitung Athens wurde von Hadrian begonnen und von Antoninus vollendet. Der Quell, dessen Wasser durch diese Leitung Athen zugeführt wurde, lag am Fuß des Anchesmus. Von dem am Fuß des Lykabettos befindlichen Reservoir, dem Endpunkte der Zuführungsleitung, wurde das Wasser auf Bogenstellungen in die Stadt geleitet. Die Hadrianische Wasserleitung von Korinth führte das Wasser des Stymphalischen Quells in Arkadien der Stadt zu.

Bei der Schaffung der Wasserversorgungsanlagen von Olympia hat sich sowohl griechischer wie römischer Einfluss geltend gemacht.

Ein lange beklagter Übelstand war die Trockenheit des Bodens von Olympia im Sommer und der Mangel an Trinkwasser. Bis zur Erbauung einer Wasserleitung durch Herodes Attikos wurde der Bedarf an Wasser für Opfer, Menschen und Vieh durch künstliche Brunnen und Wasserleitungen aus dem Kladeostal und einem Wasserstollen im Kronion, dem am linken Ufer des Kladeos liegenden, stumpf zulaufenden Bergkegel, gedeckt. Im Ganzen befinden sieh auf dem hier in Betracht kommenden Gebiete neun Brunnen. Teils sind dieselben von runder, teils von viereckiger Form. Die vier Brunnen von runder Form sind mit Tonplatten eingefasst. Der Durchmesser schwankt zwischen 0,92 m und 1,35 m. Der Mantel besteht aus einzelnen Ringen von 60 – 70 cm Höhe und 2½ – 4 cm Wandstärke. Jeder Ring besteht aus 3 – 4 Platten, welche durch Bleiklammern zusammengehalten sind. An einem Brunnen besteht der Ring sogar nur aus einem Stück. Die beiden, aus den Seitentälern des Kladeos kommenden Leitungen erreichen das Gebiet von Olympia westlich und östlich von dem Prytaneion. Für die eine dieser Leitungen war in der Nähe des letzteren ein Hochreservoir erbaut. Die Zuführung des Wassers erfolgte in besonderen Rinnen oder Röhren, die Abführung unter Benutzung einer großen Entwässerungsleitung. An einer größeren Zahl Stellen waren Schöpfbassins oder offene Töpfe eingeschaltet. Von dem Bassin am Heraion ging eine besonders kunstvoll gefügte Leitung in gerader Richtung aus. Diese Leitung bestand aus Bleiröhren, die in Kalk gebettet, innerhalb einer Porosrinne lagen. Das große Bassin am Heraion erhielt das Wasser durch eine ummauerte und mit Blei ausgekleidete Tonziegelleitung. Die zweite aus dem Kladeostal kommende Hauptleitung ist eine Tonrohrleitung von vorzüglicher Konstruktion. An der Südterrassenmauer mündet die Tonrohrleitung in ein Bassin. Das aus dem oberen Abfluss dieses Bassins abfließende Wasser wurde unter der Straße fortgeführt und gelangte in ein zweites Becken. Das durch den Stollen im Kronion gewonnene Wasser diente in erster Linie zur Versorgung der Schatzhäuser-Terrasse.

In römischer Zeit hat man diese Leitung benutzt, um bei dem wachsenden Bedürfnis den Gymnasien, dem Prytaneion und anderen Punkten mehr Wasser zuzuführen. Alle diese Vorkehrungen waren im Hinblick auf die Bedeutung des Ortes und mit Rücksicht auf die daselbst zeitweilig zusammenströmenden großen Menschenmengen unzureichend. Sie gestatteten weder die Erbauung von Badeanstalten noch von größeren Wasserbecken und Springbrunnen. Diese Anlagen, die als ein Erfordernis bezeichnet werden mussten, waren erst möglich, als die Leitung des reichen Sophisten Herodes Attikos erbaut wurde. Letztere Wasserleitung bezog das Wasser aus den nördlichen Seitentälern des Alpheios in der Nähe von Miraka. Sie mündete hart am Fuß des Kronion; den Abschluss des Werkes bildete die sogenannte Exedra.

Die Exedra bestand in einem architektonischen Denkmal von zwei Etagen Höhe. Der höher gelegene Teil bildete einen gegen die Altis geöffneten Halbkreisbau, der tiefere Teil war ein Wasserbassin, das durch flügelartige Vorsprünge der Exedra umfasst war. Das Wasserbecken war 3,43 m breit, 21,9 m lang und hatte eine Tiefe von ungefähr 1 m. Das Wasser floss aus marmornen Löwenköpfen in dasselbe. An den beiden Seiten erhoben sich offene, aus Marmor erbaute Rundtempel in korinthischem Stil, die Abdeckung bestand aus einem Zeltdach und einem reich geschmückten Gebälk, das von acht Säulen getragen wurde. Unter den Rundtempeln waren Statuen aufgestellt. Die vordere Brüstung zierte ein aus Marmor gehauener Stier, als Symbol des fließenden Wassers und seiner Triebkraft. Das Werk war von Herodes, wie einer Weihinschrift zu entnehmen ist, im Namen seiner Gattin Regilla dem Zeus geweiht worden. Der Umfassungsbau des Bassins war durch 21 Marmorstatuen geschmückt. Als Zeit der Erbauung ergibt sich ungefähr das Jahr 160 n. Chr.

Interessant sind die aus den Wasserleitungsanlagen Olympias gezogenen Schlussfolgerungen, die in dem Werk über die Ausgrabungen in Olympia wie folgt lauten:

»Wird das vorhandene Material auf die darin erkennbaren Strukturprinzipien geprüft, so ergibt sich die Tatsache, dass zwei Hauptforderungen der modernen Technik für Tonrohrleitungen: ›gleicher Querschnitt und gleichmäßige Wandstärke‹ nicht genügend berücksichtigt worden sind. Am meisten entsprechen die Formen der ältesten griechischen Leitungen diesen Anforderungen, indem bei denselben wenigstens der gleichmäßige Querschnitt innegehalten wird, während Muffe und Mantelende der Tonröhren nur die Hälfte der Wandstärke des Mantels besitzen. Auch das Verhältnis der Wandstärke zum Durchmesser ist bei diesen Röhren ein

passendes. In römischen Zeiten nimmt man hierauf gar keine Rücksicht. Da bestehen die Tonröhren aus Töpfen mit fehlendem Boden, welche ineinandergeschoben werden, so dass der Querschnitt in der Mitte der Töpfe manchmal um die Hälfte größer ist als am Halse. Auch die Wandstärke differiert in gleichem Verhältnis. An manchen Röhren beträgt sie am Hals nur 3 – 5 mm und hat in der Mitte bis zu 20 mm. Da die Tonröhren vielfach – wie bei Springbrunnenanlagen etc. – einem hydrostatischen Druck ausgesetzt wurden, so hat man auf die Dichtung der Röhren große Sorgfalt verwendet und fanden sich oft interessante Konstruktionen zur Festhaltung des Dichtungsmaterials (welches meistens aus reinem Kalk besteht).

Auch Dükeranlagen kamen mehrfach vor; darunter ist eine am Stadioneingang die interessanteste, weil dort die Muffen der Tonröhren mit Blei vergossen sind. Die Bleiröhren sind nicht gezogen, sondern aus gewalzten oder gehämmerten Platten zusammengebogen und längs der Naht verlötet. Dass sowohl für die Ent- wie Bewässerungsleitungen keinerlei mathematische Berechnung aufgestellt ist, lässt sich mit Bestimmtheit behaupten. Es kommen in Bezug auf die Querschnitts- und Gefälleverhältnisse alle denkbaren Varianten vor.«

Griechische Kolonien

Fast so zahlreich, wie die griechischen Pflanzstädte an den Küsten des Mittelmeeres sind, ist die Anzahl der Reste der einstigen Wasserversorgungsanlagen dieser Orte. Besonderen Reichtum weist auch in dieser Beziehung Kleinasien auf. Die Entstehung der Aquädukte auf dieser Halbinsel ist zwar auf die Tätigkeit verschiedener Völker zurückzuführen, in der Mehrzahl sind jedoch die Wasserleitungsbauten durch die Wirksamkeit oder wenigstens durch den Einfluss der Griechen und Römer entstanden. In vielen Fällen sind die ursprünglich von den Griechen geschaffenen Werke seitens der Römer einem Umbau unterzogen oder auch durch vollständig neue Anlagen ersetzt worden.

Bei einzelnen der Wasserversorgungsanlagen Kleinasiens ist nicht klar erkennbar, welchem Einfluss ihre Schaffung zu danken ist. Hierher gehören die Aquädukte von Amasia und die Anlagen auf den mithridatischen Burgen.

Amasia, im Norden der Halbinsel gelegen, ist reich an Denkmälern der verschiedensten Art. Auch auf dem Gebiet der Wasserversorgung besitzt diese Stadt interessante Überreste. Der am Iris gelegenen Stadt, die durch ihre Wasserfülle, ihre Weinberge und Obstgärten berühmt war und als die Vaterstadt Strabons bezeichnet wird, ward das Wasser durch zwei unterirdische Kanäle von den umliegenden Bergen zugeführt.

Die großen antiken Denkmäler, zu denen die Wasserleitungen Amasias gezählt werden müssen, werden von den türkischen Autoren Ferhad, dem Geliebten Schirins zugeschrieben. Nach den türkischen Sagen hat Ferhad den Kanal der Wasserleitung; als Milchkanal zu den Schäfereien seiner Geliebten durch seine Riesen aus dem Felsen hauen lassen. Hamilton hat diese Wasserstollen näher untersucht und ihre Konstruktion derjenigen in anderen Kastellen Kleinasiens ähnlich gefunden. Nach Hamilton ist der eine Kanal nicht in den Felsen eingearbeitet, sondern aus Mauerwerk hergestellt und über der Erde, jedoch sehr versteckt, geführt. Die eine Quelle liegt etwa 90 m tief und bildet ein kleines Becken, zu welchem steile Treppen hinabführen. Der Fels besteht aus hartem Kalkstein, der durch einzelne weichere Schieferschichten unterbrochen ist, an welchen Stellen künstliche Mauern zur Unterstützung errichtet sind.

Die zahlreichen Kastelle, mit welchen die Bergspitzen Kleinasiens geschmückt sind, weisen zum Teil bedeutende Anlagen zu ihrer Wasserversorgung auf. Im Inneren der Berge sind vielfach große Grabhöhlen und Gewölbe sowie geräumige Wasserbehälter vorhanden, zu denen eigenartige Treppen hinabführen. Solche Behälter besitzen von den antiken Burgen namentlich die Mithridatischen, so Turkhall am Iris und Zela, woselbst nach Strabo die Sakäischen Feste gefeiert wurden.

Von den Wasserversorgungsanlagen Kleinasiens, deren Schaffung durch die Griechen mit Sicherheit festgestellt ist, und von den Werken dieser Gattung an den übrigen Küsten des Mittelmeeres, bei welchen dieser Einfluss ebenfalls zweifellos ist, sollen die der Städte Samos, Camiros, Smyrna. Ephesus, Patara, Methymna, Pergamon, Syrakus, Akragas, Kyrene, Antiochia und Alexandria näher beschrieben werden.

Über die Wasserversorgung von **Samos** gibt Herodot im dritten Buch seines Werkes eine Beschreibung. Der Stollen, durch welchen das Wasser der auf dem Berg Kastro befindlichen, ehemals Leucothea genannten Quelle der Stadt zugeführt wurde, war durch einen 275 m hohen Berg gegraben worden. Die Länge dieses Tunnels gibt Herodot zu 1000 m, die Höhe und Breite desselben zu je 2,4 m an. In diesem Tunnel war ein Graben angelegt, in welchem das frische Quellwasser floss, das mittelst Röhren in die am Fuß des Berges gelegene Stadt geleitet wurde. Der Tunnel ermöglichte in einfacher und bequemer Weise die Aufsicht über den Wassergraben, zu dessen beiden Seiten man gehen konnte. Als Baumeister dieses Werkes (6. Jahr-

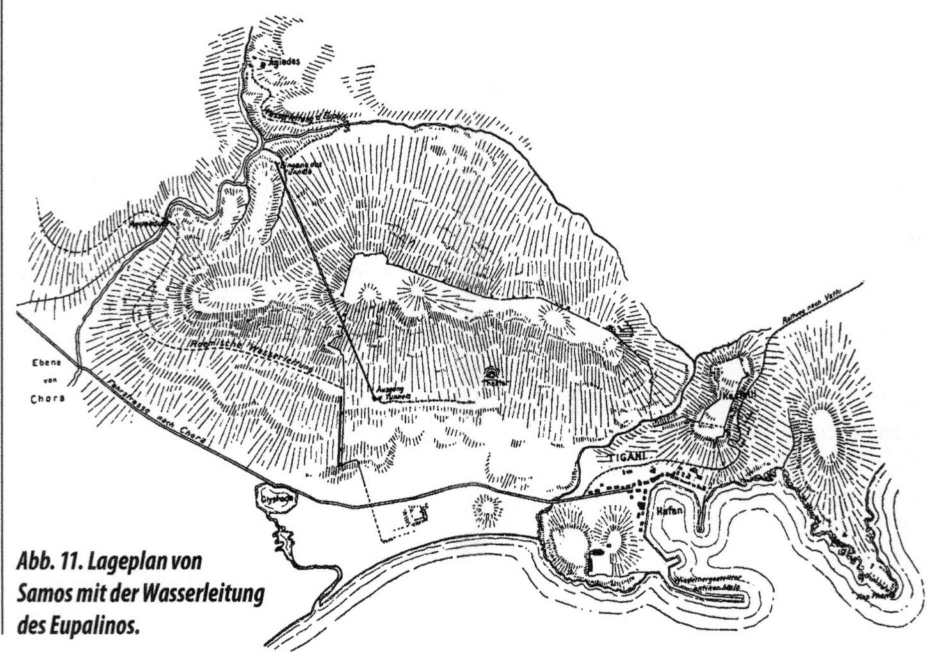

Abb. 11. Lageplan von Samos mit der Wasserleitung des Eupalinos.

hundert v. Chr.) nennt Herodot Eupalinos, des Naustrophos Sohn aus Megara. Bereits zur Römerzeit scheint die Anlage außer Gebrauch gekommen zu sein, da die Reste einer anderen römischen Wasserleitung vorhanden sind.

Durch neuere Forschungen hat man eine sehr genaue Kenntnis dieses Werkes erhalten, das von Herodot als eines der drei größten Werke aller Hellenen gepriesen wird. Die von Eupalinos zu lösende Aufgabe bestand darin, das Wasser einer starken Quelle, welche sich jenseits eines im Norden der Stadt liegenden Berges befindet, der Stadt in einer Leitung zuzuführen *(s. Abb. 11)*.

Diese Aufgabe konnte in zweifacher Weise gelöst werden, durch Umgehung des Berges oder durch seine Durchbohrung. Man hat die letztere Lösung gewählt, eine Tatsache, welche, da hierbei ein 1000 m langer Tunnel herzustellen war, besonders hervorgehoben werden muss. Der nach Fabricius für die Gesamtanlage maßgebend gewesene Gesichtspunkt war der folgende: Durch die Wasserleitung sollte womöglich die gesamte Stadt mit gutem Trinkwasser versorgt werden. Um dieses Ziel zu erreichen, musste die Hauptader des städtischen Leitungsnetzes möglichst hoch am Südabhang des Kastro entlang gehen, so dass sich durch Abzweigungen nach Süden das Wasser nach jedem Punkt der Stadt leiten ließ. Als Anfangspunkt des Tunnels im Norden hat man eine Stelle gewählt, an welcher der Schutt durch Hinunterwerfen am Abhang leicht beseitigt werden konnte. Zur Verbindung dieses Ausgangspunktes, mit der Quelle musste, da eine Überbrückung, weil zu sichtbar, nicht in Frage gekommen sein dürfte, die Leitung am rechten Bachufer so weit hinaufgeführt werden, dass sie unter dem Bachbett hindurch und so-

mit dem Auge vollständig entzogen auf dieser Strecke angelegt werden konnte. Die Notwendigkeit der unterirdischen Führung ist somit als der Grund für die Schleife, welche die Leitung oberhalb des Tunneleingangs ausführt, anzusehen. An dem Anfangspunkt der Leitung befindet sich ein Quellhaus von der Gestalt eines rechtwinkligen Dreiecks. In seinem Innern stehen 15 viereckige Pfeiler, die Überdeckung war in der Weise hergestellt, dass jeder Pfeiler mit den vier ihm zunächst stehenden, beziehungsweise mit der Wand durch aufgelegte Steinbalken verbunden und die Öffnungen durch Platten geschlossen waren. Die längste Wandfläche ist etwas gerundet und hier strömt das. Wasser in das Reservoir ein. Die Leitung von der Quelle bis zum Tunnel wird durch einen unterirdischen Gang gebildet, der gerade so hoch und so breit ist, dass ein Mann aufrecht darin gehen kann. Am Boden dieses Ganges lagen Röhren, durch welche das Wasser nach der Stadt floss. Die Länge der aus dem oben angeführten Grund gekrümmten Leitung bis zum eigentlichen Tunneleingang beträgt 853 m. Diese Leitung ist dort, wo sie durch gewachsenen Fels geht, tunnelartig hindurchgebrochen; sonst sind die Wände in verbandlosem Polygonalbau aufgeführt und das Gerinne ist durch Steinplatten abgedeckt. Die Förderung des Ausbruchmaterials erfolgte durch Schächte, von welchen sich im Ganzen 20 finden und deren Tiefe bis 13,8 m beträgt. Nahe dem Tunneleingang befindet sich ein seitlicher Ausgang, durch welchen der Schutt gestürzt wurde. Die Tonröhren haben die in den *Abb. 12* dargestellte Formen, doch liegt keine Gewissheit vor, dass die aufgefundenen Rohre wirklich aus der Zeit der Erbauung stammen. Beide in ihrer Form allerdings verschiedene Röhren, haben dieselbe Konstruktion, der vorspringende Rand greift in den erweiterten Teil des folgenden Rohrstücks. Die Dichtung war durch einen feinen weißen Kitt bewirkt. Die Rohrweite ist durchschnittlich 18 cm. In jedem zweiten Rohr befindet sich ein rundes, roh hineingeschlagenes Loch von 10 – 15 cm Durchmesser, welches zum Zweck der Reinigung angeordnet zu sein

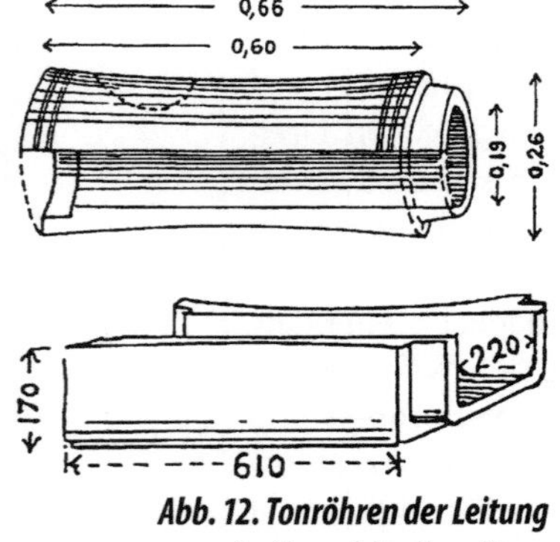

Abb. 12. Tonröhren der Leitung im Tunnel des Eupalinos.

scheint. Die Leitung war sonach nie vollständig gefüllt Das Hauptinteresse erweckt der Tunnel. Derselbe zeigt, wie Herodot berichtet hat, einen eigentlichen, 2,4 m hohen und ebenso breiten Stollen und einen bis zu 9 m tiefen Graben, in welchem die Röhrenleitungen lagen. Am Anfang und Ende musste der Tunnel, welcher mit Meißel oder Spitzhammer ganz in den gewachsenen Kalksteinfelsen gehauen ist, ausgebaut werden. Der Schichtung entsprechend zeigt die Decke eine Senkung von Osten nach Westen. An den Wänden sind zahlreiche kleine Nischen eingehauen, in welche die Arbeiter ihre Öllampen aufgestellt hatten, von denen verschiedene gefunden wurden. Die Richtung des Tunnels ist gradlinig, und die Sohle ist ohne Gefälle angelegt. Nach dem Befund einer Stelle im Tunnelinneren glaubt man annehmen zu können, dass der Tunnel von zwei Seiten aus gebrochen worden ist, eine Bauweise, die nachweislich im Altertum mehrfach zur Ausführung gekommen ist. Die bei-

den Stollen sind im Inneren des Berges, etwas näher der Süd- wie der Nordseite, zusammengestoßen. Der in gerader Richtung von Süden kommende Stollen läuft sich im Felsen tod. Auf der Westseite mündet 1½ m vor dem Ende des von Norden kommenden Stollens ein Gang, der vor der Stelle der Einmündung 4 – 5 m hoch ist. Diese ungewöhnliche Höhe ist dadurch zu erklären, dass der Boden des Nordstollens mehr wie einen Meter höher lag wie die Decke des Südganges und dass erst nach Durchschlagen des Südstollens das Zusammentreffen eintrat. Es ist noch zu erkennen, dass der Nordstollen ein Stück über dem Südstollen hinausgelaufen ist. Den Höhenunterschied beider Gänge glich man durch Abarbeiten des Bodens des Nordstollens um 2½ – 3 m aus. Auf den beiden Enden hatte das Gestein nicht genügende Festigkeit, und deshalb wurde an diesen Stellen der Tunnel ausgebaut. Auf der Nordseite war solches auf einer größeren Länge nötig. Hier scheint ein Teil bereits im Altertum eingestürzt und durch Mauern und ein halbzylinderförmiges Tonnengewölbe gesichert worden zu sein, eine Arbeit, die aus römischer Zeit stammen dürfte.

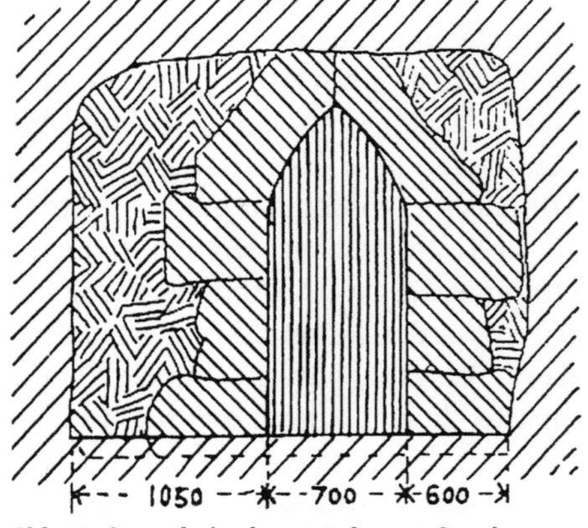

Abb. 13. Querschnitt der ausgebauten Strecke des Wasserleitungstunnels von Samos.

Weiterhin ist eine Strecke in der Weise ausgebaut, wie dieses *Abb. 13* zeigt, so dass bloß ein kleiner Gang verblieb.

Die eigentliche Wasserleitung lag, wie schon erwähnt, in einem tiefer liegenden Graben. Neun Meter vom Nordeingang mündet von Osten kommend, der ganz in den Felsen gebrochene Gang ein, in welchem die Röhrenleitung von der Quelle bis zum Kastro liegt. Die Sohle en, vermutlich für Querbalken, die mit Bohlen belegt als Arbeitsbühne gedient haben dürften und auf welchen der Schutt gelagert sein wird. In Abständen von etwa 20 m ist der untere Gang mit Steinplatten überdeckt, und der über diesen Platten bis zur Tunnelsohle vorhandene Raum ist mit dem Schuttmaterial des Tunnels Abb. 196. ausgefüllt, dessen weiter Transport auf diese Weise

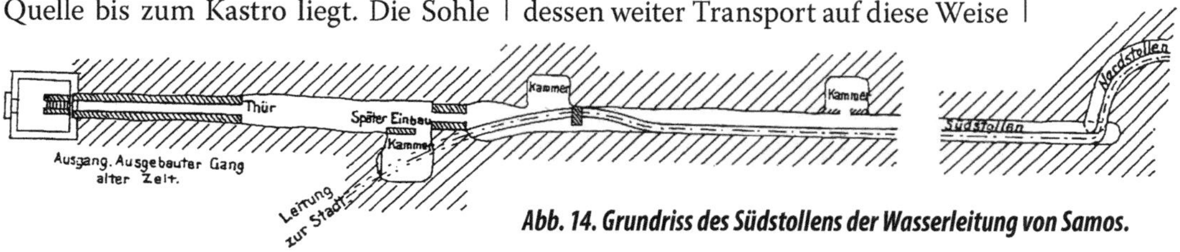

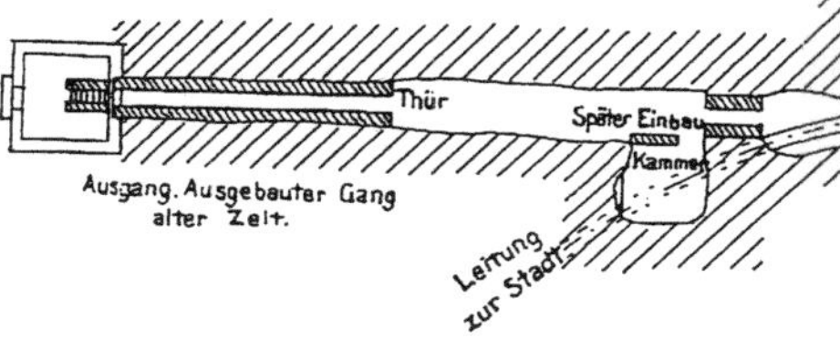

Abb. 14. Grundriss des Südstollens der Wasserleitung von Samos.

dieses Ganges liegt etwa 2,53 m unter der Tunnelsohle. Unmittelbar vor dem Zusammentreffen beider Gänge setzt sich der untere Gang fast rechtwinklig zu seiner bisherigen Richtung nach Süden fort und läuft dann unterhalb der Haupttunnelsohle weiter. Dieser untere Graben liegt auf der Ostseite des Tunnels. Querschnitt *Abb. 15* zeigt eine Stelle, an welcher der untere Graben einen überdeckten Gang bildet und durch einen Schacht mit dem oberen Tunnel verbunden ist. Ob diese Überdeckung des Grabens an einer Stelle später ausgeführt ist oder nicht, bleibt unentschieden, durchgängig ist der untere Gang als Graben ausgebildet. An dem oberen Grabenrand sowohl wie auf der Ostseite des Tunnels sind viereckige Löcher ausgehau-

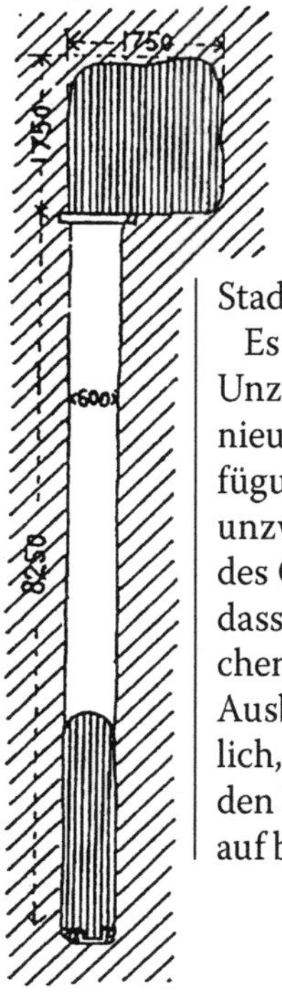

Abb. 15. Querschnitt durch den Tunnel und Graben der Wasserleitung des Eupalinos.

gespart wurde. An diesen Stellen laufen daher zwei Tunnel übereinander her. Auf kurze Strecken ist der untere Gang, der an den überdeckten Stellen eine Höhe von 2–3 m besitzt, auch direkt als schmaler Tunnel durch den Felsen gebrochen.

Die Tiefenlage des Ganges nimmt nach der Tunnelmündung hin zu, 30 m vor der Mündung geht der Gang nach Osten unter dem Abhang des Kastro nach der Stadt zu. An der Trennungsstelle beträgt die Tiefe 8,30 m. *Abb. 14* zeigt den Grundriss des Südstollens mit der nach der Stadt führenden Abzweigung.

Es dürfte wohl im Hinblick auf die Unzuverlässigkeit der den antiken Ingenieuren für derartige Arbeiten zur Verfügung gewesenen Messinstrumente unzweifelhaft sein, dass die Entstehung des Grabens darauf zurückzuführen ist, dass der Tunnel nicht in dem erforderlichen Gefälle hergestellt wurde. Bei dem Ausbruch war es nicht allein erforderlich, die Achse, da ein Stollen von beiden Berglehnen aus vorgetrieben wurde, auf beiden Bergseiten genau festzulegen, sondern auch die Anfangspunkte mussten genau nach der Höhe bestimmt werden. Diese Aufgaben erfordern bekanntlich auch heute noch stets einen großen Aufwand an Zeit und Mühe und können daher die bei dem vorliegenden Tunnelbau erreichten Resultate keineswegs überraschen.

Der Tunnel ist sehr lange in Benutzung geblieben. Die durch diese Leitung der Stadt zugeführte Wassermenge ist den Römern für ihren Bedarf jedoch nicht genügend gewesen und diese bauten daher eine aus der Gegend des Dorfes Myli (8 km entfernt) kommende neue Leitung. Wie jedoch römische Ausbesserungsarbeiten im Tunnel zeigen, ist auch dieser im Betrieb geblieben und erst allmählich aus unbekannten Ursachen außer Gebrauch gekommen. Etwa 24 m vor der Tunnelmündung am Osthange verlässt der Graben den Tunnel und die Leitung geht in dem als unterirdischen Gang ausgebildeten Graben weiter. Die anschließende Stadtleitung ist in derselben Weise angelegt wie das Stück zwischen Quelle und Tunnel. Schächte führen von der Oberfläche in diesen Gang, in dem ebenfalls Röhren lagen. In der Stadt sind diese Schächte durch viereckige Steinplatten mit runder Öffnung, in die runde Deckplatten hineinpassen, abgedeckt. Die Leitung reichte vermutlich bis zum Hafen hinab, in dessen Nähe die Agora lag. Hier standen in einer Stoa nach einer in Tigani verbauten, antiken Inschrift zwei kunstvolle Wasseruhren, die, wie es scheint, Monat, Datum und Stunde anzeigten. Fabricius stellt die Vermutung auf, dass diese Klepsydra wohl durch das Wasser der Leitung des Eupalinos gespeist wurde.

Zu den Hauptüberbleibseln des antiken Camiros auf Rhodus gehören die Reste der Wasserversorgungsanlagen.

Auf der Akropolis ist eine unterirdische Galerie vorhanden von 60 cm Weite, 1,8 m Höhe und einer Länge von etwa 200 m. Von ihrem Endpunkt gehen drei Zweiggalerien aus von etwa 20 m Länge. Außerdem zweigen von der Hauptgalerie eine größere Anzahl Seitengalerien ab, von denen keine eine größere Länge als 9 m besitzt. Alle diese Galerien enden an einem Schacht, der bis an die Erdoberfläche reicht. Die Sohlen der Schächte liegen tiefer wie diejenigen der Galerien, nach Torr ein Beweis, dass die Anlage nicht zur Entwässerung gedient hat. Die Stadt selbst wurde durch eine Leitung versorgt, die in gerader Richtung durch den östlichen Teil des Akropolis-Hügels gebrochen war. Dieselbe endete in einer auf der Ostseite dieser Erhebung liegenden Zisterne. Die Speisung dieser Zisterne erfolgte durch Quellwasser, die Zuleitung besitzt eine Weite von 60 cm und eine Höhe von ungefähr 120 cm.

Die Stadt Smyrna wurde bereits im hohen Altertum mit Wasser versorgt, das den in der Umgebung dieser Stadt liegenden Bergen entströmte. An den Seiten dieser Berge finden sich verschiedene Gewölbe und Wassergänge. Unter den Häusern liegen Gewölbe, deren Zugänge aus großen Quadersteinen hergestellt sind. Von den Bauwerken, durch welche einst das Wasser in die Zisternen unter dem Kastell dieser Stadt geleitet wurde, sind nur noch spärliche Überreste vorhanden. Die Wasserleitung ist streckenweise in eine Mauer eingebaut und durch große viereckige, ineinandergefügte Steine gebildet, die röhrenförmig ausgehauen sind. Diese Röhre liegt eben über dem Grund, doch sind die Mauern bedeutend höher geführt und mit Strebepfeilern und Türmen versehen, so dass es nicht ausgeschlossen erscheint, dass die Mauer gleichzeitig zur Abwehr feindlicher Angriffe gedient hat. Smyrna besaß mehrere Wasserleitungen, durch welche dem Orte große Wassermengen zugeführt wurden.

Auch die Wasserleitung von Ephesus, die aus Tempeltrümmern erbaut wurde, ist in ähnlicher Weise in eine dicke Mauer ohne Bogen eingebaut. Der Wasserleitungskanal ist in einzelnen Mauerresten 120 cm hoch und 60 cm breit.

In hohem Maße sind die Überreste der Wasserleitung von Patara (angeblich nach dem Sohn Apollos und der Nymphe Lycia, Patarus, genannt) geeignet, die Beachtung zu erregen, dürfte doch dieses Werk die älteste bekannte griechische Heberkonstruktion besitzen. Dass an dieser Stelle die Griechen überhaupt zum ersten Male von einer Druckleitung Gebrauch gemacht haben, ist dagegen sehr wenig wahrscheinlich, da hierfür die Anlage zu bedeutend ist und angenommen werden muss, dass wohl zuerst bei kleineren Objekten von Druckleitungen Anwendung gemacht wurde und erst nach und nach die Erkenntnis von der Möglichkeit, mittelst Druckleitungen auch bedeutende Terraineinschnitte überschreiten zu können, gewonnen sein wird. Die Verwendung von Steinröhren zu Wasserleitungszwecken, die bei den Griechen, wie die angeführten Beispiele zeigen, eine weit verbreitete war, kam der Herstellung von Druckleitungen sehr zustatten. Ob die Schaffung von Heberleitungen eine Erfindung der Griechen ist, oder die Ausführung derartiger Anlagen in Anlehnung an das von anderen Völkern gegebene Beispiel geschah, ist zunächst noch eine offene Frage. Wahrscheinlich dürfte auch in diesem Falle die gleiche Erfindung bei verschiedenen Völkern gemacht worden sein. Wie *Abb. 16* zeigt, besteht das Aquädukt von Patara aus einer Mauer, die aus unregelmäßigen Steinblöcken errichtet ist und zwei Durchgänge besitzt. Die Bekrönung dieser Mauer, deren Länge 231 m, deren Stärke 2,95 m und deren Höhe 9,6 m beträgt, wird durch eine Steinschicht von 0,8 m Höhe gebildet. Der mittlere horizontale Mauerteil bildet mit den beiden aufwärtsgerichteten Schenkeln Winkel von 169° resp. 156°. Dieser Siphon gehörte zu einer Wasserleitung, durch welche wahrscheinlich Patara versorgt wurde, ein Ort, dessen Gründung in die ältere Periode der hellenischen Geschichte fällt. Die Quellen, deren Wasser durch diese Anlage Patara zugeführt wurde, sind bis jetzt nicht ermittelt. **Texier** hat die Leitung etwa ¾ Stunden weit verfolgt. Die anschließende Strecke ist horizontal und mit großen Platten überdeckt. Die Ansicht **Texiers**, dass die Leitung aus Tonröhren bestand, welche von den durchbohrten Steinen des Siphons umschlossen waren, erklärt **Belgrand**, und wohl mit Recht, im Hinblick auf die Schwierigkeiten einer derartigen Konstruktion für unzutreffend.

Das Aquädukt von Patara ist auch darum um so bemerkenswerter, als in dem, von dem berühmten Xanthus durchströmten Lykien, das reich an einer großen Anzahl viele interessante Altertümer bergender Städte, wie Xanthos, Tlos, Telmissus, ist, bisher nur wenige Wasserversorgungsanlagen nachgewiesen worden sind, durch welche das Wasser aus größerer Entfernung herbeigeschafft wurde. Wahrscheinlich erfolgte die Versorgung mit Wasser ausschließlich durch Zisternen, deren Zahl sowohl in Lykien wie in Carlen eine sehr bedeutende ist. Auf den Höhen haben diese Anlagen häufig eine flaschenartige

Gestalt. Es sind große, runde, in sorgfältiger Weise gedichtete Becken, die mit halbkugelförmigen Kuppeln überwölbt sind. Das von der Kuppel abfliessende Wasser sammelt sich in einer Rinne an ihrem Fuß, von wo es durch kleine, in der Rinne enthaltene Öffnungen in die Zisterne fließt. An der Seite ist eine Tür, wo aus die Fortführung in starkem Gefälle nach den verschiedenen Laufbrunnen in der Stadt erfolgte. Der größere Teil der Leitung ist unterirdisch verlegt. Sie besteht an den Gebirgsabhängen ans Tonröhren von 8 cm lichtem Durchmesser und 35 cm Länge. In Zwischenräumen von etwa 30 m besitzt die Leitung

Abb. 16. Aquädukt von Patara.

und einige Stufen führen in das Bassin hinab, so dass man zu jeder Zeit bequem Wasser schöpfen konnte.

In der Wasserleitung von Methymna auf Lesbos hat Koldewey ein weiteres Beispiel einer antiken griechischen Hochdruckwasserleitung nachgewiesen. Die Quelle, aus welcher die Stadt das Wasser bezieht, liegt 7 km östlich von Molivo. Die Leitung geht in sanftem Gefälle an den Hängen entlang, die Niederung zum Stadtberg überschreitet sie in einer Hochdruckleitung und endigt alsdann in einem kleinen Reservoir, von

Öffnungen, damit das fließende Wasser mit der frischen Luft in Berührung kommen konnte. Die Hochdruckleitung besteht aus starkummauerten Tonröhren von 4 cm Wandstärke. Dieser Teil ist in neuerer Zeit ausgebessert, doch glaubt Koldewey, dass auf einer kurzen Strecke sich die antike Methymnäische Leitung erhalten hat. Dieses Leitungsstück liegt in der Nähe des erwähnten Reservoirs und besteht aus sechs ineinandergreifenden Trachytblöcken. Diese

Blöcke sind äußerlich wenig bearbeitet, an den Stoßfugen besitzt jedes Stück an dem einen Ende einen vorspringenden Rand, an dem anderen Ende eine vertiefte Muffe.

Im Anschluss an die beiden vorstehend beschriebenen Anlagen empfiehlt es sich, die technisch interessanteste Schöpfung der hellenischen Wasserwerksingenieure, die Hochdruckwasserleitung von Pergamon, zu besprechen. Von der Frage ausgehend, ob man sich während der Herrschaft der Attaliden, als sich die befestigte Absiedlung noch auf den Berg beschränkte und der Markt, das Theater und die königliche Wohnung die höchsten Teile des Stadtberges einnahmen, mit der primitiven Wasserversorgung durch die vorhandenen Zisternen oder durch Herbeitragen des Wassers begnügt habe, ist eine eingehende Untersuchung über die Wasserversorgungsart der Burg angestellt worden, die durch den Baurat **Gräber** bewirkt und später durch den Ingenieur **Giebler** ergänzt worden ist. Nach den gewonnenen Ergebnissen ist mit Sicherheit anzunehmen, dass tatsächlich zur Versorgung der hochgelegenen Teile eine Druckleitung zur Ausführung gekommen ist. Wenn auch der genaue Zeitpunkt nicht bekannt ist, so erscheint doch die Annahme, dass dieses Werk aus der Zeit der pergamenischen Könige stammt, durchaus berechtigt. Der höchst gelegene Punkt, welcher nach der Annahme mit Wasser zu versehen war, hat eine Höhe von + 332 m über der Meeressohle *(Abb. 17)*. Um diese Höhe erreichen zu können, musste eine Hochdruckleitung aus großer Entfernung hierher geführt werden, da erst bei dem Hagios Georgios ein höherliegender Punkt erreicht wird. Zwischen diesem Punkt und der Burg liegen zwei Einsattlungen, deren tiefster Punkt auf + 172 m resp. + 195 m liegt.

Auf dem Hagios Georgios-Berg hat **Giebler** in einer Höhe von + 367 m und in einer Entfernung von ca. 3,3 km von der Burg Pergamon eine Wasserkammer aufgefunden. Zwischen diesem Behälter und dem Ausflusspunkte der Wasserleitung auf der Burg war hiernach eine ausnutzbare Druckhöhe von 35 m vorhanden. Die Wasserkammer besteht aus zwei Abteilungen, in einer derselben sollte jedenfalls das zugeleitete Wasser die mitgeführten erdigen und sonstigen unerwünschten Bestandteile absetzen. Durch drei hochgelegene Öffnungen floss das Wasser in die zweite Abteilung und von hier in die Druckleitung. Diese Druckleitung war, wie sich aus den oben angeführten Daten ergibt, einem Druck von 367–172 = 195 m resp. 367–195 = 172 m Wassersäule, also einem Druck von 17–20 Atmosphären ausgesetzt. Keinesfalls kann der Druck unter 16 At-

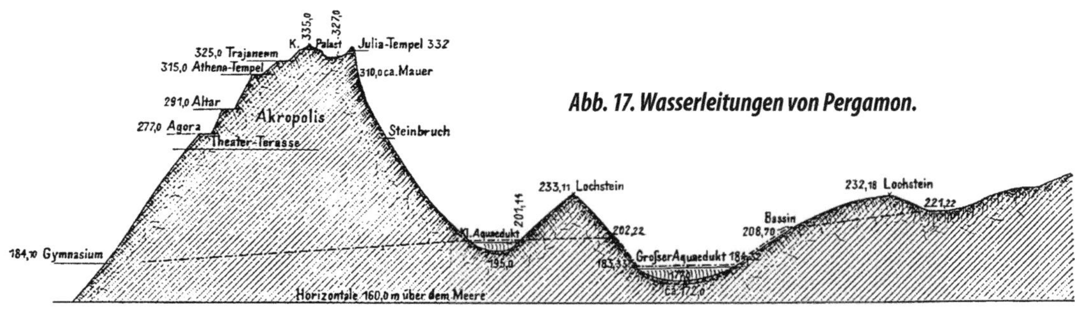

Abb. 17. Wasserleitungen von Pergamon.

mosphären betragen haben. Bei diesem außerordentlich hohen Druck konnten nur sehr starke Rohre Verwendung finden. Reste derselben sind nicht aufgefunden und die Frage, ob dieselben aus Blei oder, wie Giebler glaubt annehmen zu können, aus Bronze bestanden, ist vorläufig nicht bestimmt zu entscheiden. Die Trasse dieser Leitung ist durch die Auffindung zahlreicher Lochsteine festgestellt worden. Diese Lochsteine haben eine Länge von 1,2 – 1,5 m, eine Breite von 60 – 70 cm und eine Stärke von 20 – 25 cm. Die Entfernung dieser Steine voneinander ist etwa 1,2 m. Sämtliche Steine zeigen eine Durchbohrung von 30 cm Durchmesser. Zwischen den Steinen sind auf einzelnen Strecken Trachytplatten gefunden worden, die mit ihrer Oberkante in der Höhe der Unterkante der Löcher lagen. Nicht minder bemerkenswert wie dieser Teil der alten Wasserleitung, ist die Zuführungsleitung nach der oben erwähnten Wasserkammer. Das Wasser kommt nach den Untersuchungen Schuchardts aus einer Entfernung von 60 km. Diese Zuführungsleitung besteht aus einer dreifachen Tonrohrleitung von 18 cm Durchmesser. Die Quellen liegen in dem Madaras-Dagh. Die aufgefundenen Tonrohre haben eine Stärke von 6 – 9 cm, die Länge der einzelnen Rohre ist 48 cm.

Während auf die aus der Römerzeit stammende Wasserleitung der Unterstadt erst später einzugehen sein wird, möge hier noch der übrigen älteren Wasserversorgungsanlagen Pergamons Erwähnung geschehen. An der östlichen Burgseite, außerhalb der Stadtmauer, ist bei der Quelle Hagios Stratigos ein Teil eines griechischen Kanals vorhanden. Seine Höhe beträgt 1,6 m, die Breite 0,94 m. Der Kanal ist aus Quadern erbaut, die Abdeckung wird durch drei Platten gebildet. Zwei Platten sind schräg gestellt und liegt auf diesen die dritte Platte horizontal. Die gleiche Anordnung weisen die auf der Burg vorhandenen Entwässerungskanäle auf. Die erwähnte Leitung diente zur Ableitung des Wassers der vielen Quellen im Ketios-Tal. Während die Hochstadt vor Anlage der großen Hochdruckleitung ausschließlich auf Zisternenwasser angewiesen war, wurde durch den angegebenen Kanal die untere Stadt jedenfalls schon frühzeitig und so lange versorgt, bis die große römische Wasserleitung hinzukam.

Die Wasserleitungen von Syrakus nehmen unter den gleichartigen Schöpfungen einen wohlverdienten hohen Rang ein. In der Umgebung der Stadt befindet sich ein außerordentlich wasserreiches Gebirge, das sieben Flüsse entspringen lässt. Von denselben ergießt sich der Anapos in den Hafen von Syrakus. Durch das Wasser dieses Flusses, sowie durch die Quellen des Crimitigebirges wurde die antike Stadt durch die Griechen in reichem Maße mit Wasser versorgt.

Die nördliche Wasserleitung, von dem Crimitigebirge, ist die bedeutendere, daneben ist das Anaposaquädukt zu nennen.

Die Crimitiwasserleitung nimmt ihren Ausgang an zwei großen rechteckigen Brunnen, die aus dem felsigen Untergrund gearbeitet sind und mit Vorrichtungen für das Hinabsteigen ausgerüstet gewesen waren. Die Quelle, welche diese beiden, untereinander durch einen Gang in Verbindung stehenden Brunnen, speist, ist nicht bekannt, ebenso sind die Einzelheiten des oberen Laufs des Aquädukts und seine Speisung durch anderweitige Brunnen von Schubring nicht ergründet. Die Wasserleitung erreichte die Stadt bei der unter Dionysius erbauten Burg Euryalos und speiste auch dieses Kastell. Die Leitung läuft alsdann in gerader Richtung östlich fort bis an das Ende von Tyche und den Anfang des Stadtteils Achradina, wobei jedoch eine Spaltung eintritt. Die eine Zweigleitung kreuzt das Anaposwasser, das über ihr wegfließt, sie besitzt zahlreiche Schachtanlagen. Der zweite Strang ist das Aquädukt von Tremiglia, der in südlicher Richtung läuft.

Den dritten Strang nennt Schubring das Aquädukt des Xymphaeums. Diese Leitung hat zwei Gänge übereinander, d.h. sie besitzt die gleiche Anordnung, welche der Tunnel des Eupalinos und eine Wasserleitung in Athen aufweisen. Schubring meint, der Zweck des oberen Ganges sei gewesen, das Wasser während der Zeit aufzunehmen, in welcher der untere gereinigt wurde, eine Annahme, die nicht sehr viel Wahrscheinlichkeit für sich hat. Die Tiefe der Schächte ist stellenweise bis 30 m. An einer Stelle hat der obere Gang eine Höhe von 4,9 m, der untere von 7,75 m, mithin ganz außergewöhnliche Abmessungen. Die Wasserhöhe beträgt nur 42 cm. Vor dem Nymphaeum ist die Leitung offen. Eine genauere Beschreibung der übrigen zahlreichen Abzweigungen erscheint nicht erforderlich.

Das **Anaposaquädukt** beginnt vor dem Einfluss der Buttigliarie in den Anapos bei der so genannten Presa oder Chiusura dell' aquedotto. Der Einlauf des Wassers in den Aquädukt erfolgt unterirdisch, wie denn auch die Leitung unterirdisch in der linken Bergwand entlang geführt ist. Dieselbe verfolgt die Buttigliarie bis zu ihrem Einfluss in den Anapos und geht dann an diesem Fluss entlang bis zur Mitte zwischen den Einläufen der Buttigliarie und deerAnnunziata. An dieser Stelle fließt ein Teil des Anapos in einem zweiten Aquädukt unterirdisch ab. In diesen Letzteren ergießt sich bald darauf der Aquädukt des Buttigliarie. Die Leitung bildet von diesem Vereinigungspunkt an einen tief eingeschnittenen Kanal, der mit Steinplatten überdeckt ist. Das Gerinne ist mit einem weit geringeren Gefälle als dasjenige des Flusses ist, geführt, so dass es allmählich gegen den letzteren eine höhere Lage erreicht. Die Leitung nimmt einzelne Quellbäche auf und besitzt eine sehr große Zahl Schächte (Spiragli). Die Anaposleitung betritt bei dem Buffalaro das eigentliche Stadtgebiet und dürfte hier in früheren Zeiten zwei Wasserbecken gespeist haben. In der Gegend des Nymphäums hört die Leitung auf und ihre weitere Fortsetzung ist bisher nicht bekanntgeworden. Was die Zeit der Erbauung anbetrifft, so wird als der Schöpfer der Crimiti- oder Thymbriswasserleitung Gelon angesehen, der sie durch die bei Himera gefangenen Karthager habe herstellen lassen. Die Frage der Erbauungszeit des Anaposaquädukts lässt Schubring offen.

Von großem technischen Interesse ist der Umstand, dass eine Wasserleitung nach der Insel Ortygia geführt war. Diese Leitung musste im Meeresgrund verlegt werden und durch sie dürfte die vielbesungene Quelle Arethusa gespeist worden sein. Gleich Syrakus wurde auch Megara durch unterirdische Aquädukte mit Thymbriswasser gespeist.

Über die Wasserleitung von Akragas auf Sicilien hat ebenfalls Schubring eingehende Ermittlungen angestellt. Diese Anlage verdankte dem Tyrannen Theron ihre Entstehung. Die von Schubring aufgefundenen Wasserstollen wurden benutzt, um eine außerhalb der Stadt gelegene Niederung, die man verschloss, mit Wasser zu füllen. Die Zahl dieser Wassergänge ist eine sehr bedeutende. Die Deicheinfassung ist teilweise durch natürliche Felswände, teilweise durch künstliche Mauerdämme bewirkt worden. Schubring hat einen der unterirdischen Wasserstollen näher erforscht, und gefunden, dass seine Länge eine Ausdehnung von mehreren Stunden besaß. Der Querschnitt war $1{,}5 \times 0{,}6$ m und war der Gang, so weit er Tonboden durchschneidet, mit schönen, großen Quadern bekleidet. In bestimmten Zwischenräumen finden sich Luftschächte, die eine Höhe bis zu 100 m besitzen. Schubring führt eine größere Anzahl von Wassergrotten und Gängen auf. Leider vermag er die Frage, ob die Akropolis in Akragas durch Leitungen mit Wasser versorgt worden ist, nicht zu beantworten. Der genannte Forscher nimmt an, dass, obgleich die zahlreichen Wasserstränge sich alle in die Niederung, woselbst der Fischteich gelegen war, ergossen, das so zugeleitete Wasserquantum nicht gereicht haben muss, um das Bassin zu füllen, da ein hier befindliches Vorgebirge, auf welchem ein Tempel des Vulkan steht, von unterirdischen Stollen durchbohrt ist, die alle eine gleiche Richtung besitzen und jedenfalls von den Bergen weitere Wassermengen zuführten.

Von dem Aquädukt Kyrenes, der Hauptstadt der Pentapolis, sind auf großen Strecken die Überreste erhalten. Die Leitung ist halb in den Fels gehauen, halb auf Bogen gebaut. Die Mauern bestehen aus sehr schönen, gleichförmigen Quaderreihen. Jeder Quader trägt auf der Innenseite einen Buchstaben, der einem verloren gegangenen Alphabet angehört. Die vielen Kanäle und Bassins unter den Trümmern einstiger Herr-

lichkeit wurden vermutlich durch das Aquädukt gespeist. Eine zweite von dem Gebirge ausgehende Leitung versah das große Emporium Kyrenes, Apollonia, mit Wasser.

Dass die heidnische Prachtstadt des Orients, die einstige mächtige Kapitale des seleucidischen Königreiches, Antiochia, auch auf dem Gebiet der Wasserversorgung bedeutende Anlagen besaß, kann nicht überraschen.

Die Lage Antiochias am Orontes, der im Altertum durch die Mitte der Stadt floss, und am Fuß von Höhen, aus deren Zwischentälern und Klüften das Wasser vieler Quellen und mehrere Bergströme herabkommen, sicherten der Stadt einen großen Wasserreichtum. Fast jedes Wohnhaus hatte seinen eigenen Brunnen. Zahlreiche Privat- und öffentliche Bäder trugen zur Annehmlichkeit und zur Gesundheit der Stadtbewohner und nicht weniger zum Lob und Ruhm dieser Stadt bei. Die von den Bergen nicht selten herabstürzenden Wassermassen zwangen zu kostspieligen Bauten, um die Verheerungen zu verhüten oder abzuschwächen. Die zur Bändigung der Gewässer errichteten Bauten, wie Dämme, Aquädukte, Kanäle und Bassins, gewährten wiederum manche Vorteile und Genüsse. Um die Gewalt der Winterströme zu brechen, wurden 18 m hohe Quermauern erbaut, die mit Kanalöffnungen versehen wurden, vor welche eiserne Gittertüren geschoben werden konnten. Der Name für diese Vorrichtung, das Eisentor (Bal el hadid), hat sich bis heute erhalten. Über dieses Tor führte gleichzeitig ein Aquädukt. Die Wasserleitungen Antiochiens verdanken, wie die Stadt selbst, ihre Entstehung verschiedenen Zeitperioden. Während die älteren Anlagen unter den Seleuciden hergestellt worden sind, wurden die neueren Bauten durch die Römer zur Ausführung gebracht. Eine genau begrenzte Scheidung zwischen beiden Schöpfungen ist noch nicht vollständig durchzuführen, wenngleich einzelne Teile mit Sicherheit als aus der früheren Periode stammend bezeichnet werden können. Hierzu sind die Gewölbe unter dem alten Kastell der Stadt, die als Zisternen dienten, sowie ein zwischen diesem und einem westlich gelegenen Berg vorhandenes rundes Bassin zu rechnen. Der Durchmesser dieses Wasserbehälters beträgt 16 m. Innerhalb der Stadt gab es auf der Ostseite zwar verschiedene Quellen, die höheren Partien und der übrige Teil der Stadt, welcher in der Ebene lag, mussten jedoch durch künstliche Wasserleitungen versorgt werden. Dieses Wasser wurde von einem etwa 7 km entfernten Ort zugeführt, woselbst der Boden außerordentlich quellenreich ist. Das Wasser wurde in Kanälen, welche aus Quadern hergestellt sind, und deren Querschnitt etwa 2 × 1 m beträgt, aufgefangen. Zur Reinhaltung sind in bestimmten Entfernungen Einsteigeschächte mit gemauerten Stufen angelegt. Ungefähr 1½ km von dem Anfangspunkt entfernt, überschreitet die Wasserleitung ein Tal mittelst eines gemauerten Aquäduktes, von welchem noch 21 große Schwibbogen vorhanden sind. Dieses Bauwerk ist eine Schöpfung der Römer. Die Leitung geht im weiteren Verlauf über zwei kleine Flussläufe gleichfalls mittelst gemauerter Bogen hinweg. Von den älteren Anlagen aus der Zeit der syrischen Herrscher sind bei der Quelle Zoiba, etwa zwei Meilen südwestlich von Antiochia, Reste aufgefunden worden. Man glaubt, dass an dieser Stelle aller Wahrscheinlichkeit nach das im Altertum so berühmte Daphnaeum gelegen hat.

Durch die natürlichen Verhältnisse war es bedingt, dass die Wasserversorgung von Alexandria in einer von den bisher beschriebenen Anlagen abweichenden Art und Weise erfolgte.

Die Versorgung Alexandrias mit Trinkwasser geschah durch unterirdische Zuleitungskanäle. Diese Kanäle folgen fast sämtlich der Richtung der Querstraßen nach den Häfen hin, einer läuft auf der Ostseite der Hauptquerstraße. Zwei dieser Zuleitungen vereinigten sich und gingen über den Damm nach der Pharus-Insel. Die Speisung der Verteilungskanäle, die 360 Zisternen füllten, erfolgte durch den Kanal von Alexandria. Dieser Wasserlauf war, da er das sonst der Stadt mangelnde süße, frische Trinkwasser zuführte, von besonderer Bedeutung. Als Diokletian bei Belagerung der Stadt die Wasserzufuhr abschnitt, musste sie sich übergeben. Die Speisekanäle sind verhältnismäßig eng, sie besitzen eine größere Anzahl viereckiger Schächte, die zum Hinabsteigen bei Vornahme der Reinigungsarbeiten dienten. Sobald das Wasser bei dem Eintreffen der Nilanschwellung einen genügend hohen Stand erreicht hatte, wurden die Zuleitungskanäle geöffnet und das Wasser den Zisternen zugeführt. Dieses geschah unter Beobachtung einer sehr feierlichen Zeremonie. Nach erfolgter Füllung der Zisternen wurden die Kanäle wieder gesperrt und das Nilwasser floss dann wiederum in das Meer ab. Die Konstruktion der antiken Zisternen Alexandrias ist zum Teil hochinteressant, diese Bauten gehören ihrer Zahl und Ausstattung nach zu den bedeutendsten antiken Anlagen der Stadt.

Die Form der Zisternen ist eine sehr mannigfaltige; die meisten sind in verschiedene Räume geteilt. Viele besitzen

drei und sogar selbst vier Etagen übereinander, welche in der Weise angeordnet sind, wie dieses die *Abb. 18 u. 19*
erkennen lassen. Die Säulen bestehen
gewöhnlich aus schönem, rotem Granit
von Syene. Der Boden besitzt in der Regel Gefälle nach dem Brunnen hin. Die
Zuflussöffnungen befinden sich oft über

Der in Pamphylien und Sizilien bis
nach Isaurien hinein an der Südküste
Kleinasiens vorhandene Reichtum an
mächtigen Befestigungen, Kastellen, Ha-
fenanlagen und Aquädukten verdankt
seine Entstehung zum größten Teile den
hier einst herrschend gewesenen Pira-
ten, deren Herrschaft an diesem Küs-

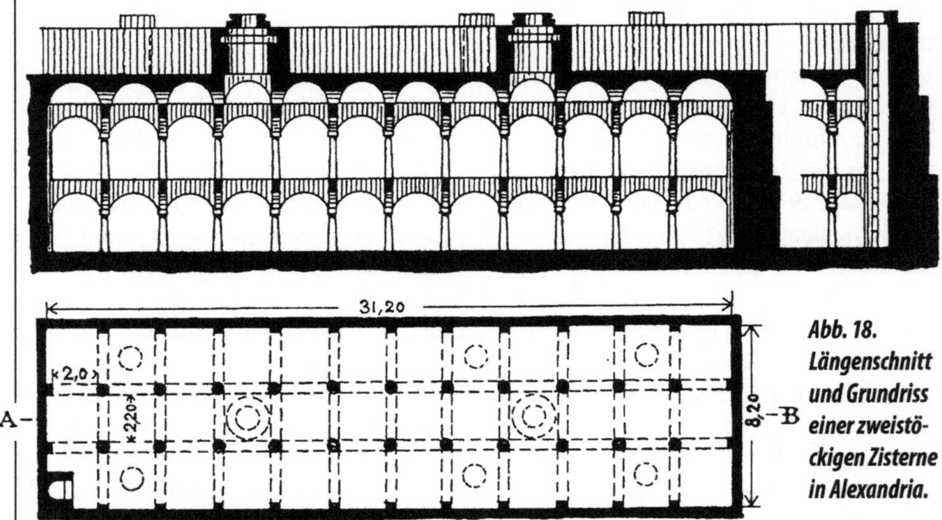

Abb. 18.
Längenschnitt
und Grundriss
einer zweistö-
ckigen Zisterne
in Alexandria.

dem höchsten Wasserspiegel desjenigen
Kanals, der zur Füllung bestimmt war.
Man war daher früher, wie auch jetzt
noch gezwungen, das Wasser mittelst
Schöpfräder zu heben. Dasselbe wurde
alsdann in kleine Rinnen gegossen, die
das Wasser nach den Behältern leiteten.
Die kleineren Zisternen lagen unter den
Häusern, zu welchen sie gehörten, die
größeren Zisternen waren jedenfalls für
die öffentliche Benutzung bestimmt.

Im Anschluss an die Wasserleitungsbauten der Griechen sollen nachstehend
die in den Piratenstädten Kleinasiens
entstandenen Werke dieser Gattung besprochen werden, bei deren Schöpfung
sich vielfach griechischer resp. in manchen Fällen römischer Einfluss geltend
gemacht haben wird.

tenstrich etwa ein und ein halbes Jahrhundert (bis etwa 65 v. Chr.) dauerte.
Die zu den größten Sklavenmärkten des
Altertums gehörende Stadt Side wurde
durch ein Aquädukt mit Wasser versorgt. Die Bewohner dieser Stadt waren
echte Emporkömmlinge, die den durch
Seeraub, Hehlerei und Sklavenhandel
erworbenen immensen Reichtum zur
Verschönerung und zur Bequemlichkeit
ihres Daseins ausgaben. Noch geben
ungeheuere Monolithe von Säulen, die
zu ausgedehnten Hallen gehörten, sowie
die Reste von Wasserkünsten in zopfiger
Pracht Kunde vom einstigen Glanz dieses Räubernestes.

Die Bauten bei Koryos und Elaeusa,
der einstigen Prachtresidenz des Arche-
laus, rufen deshalb besondere Bewunderung hervor, da sie in einer Gegend

liegen, die heute eine reine Steinwüste ist und es geradezu rätselhaft erscheint, wie es möglich war, dass hier eine zahlreiche Bevölkerung existieren konnte. Der Reichtum der vorhandenen Ruinen setzt eine einstige starke Population unbedingt voraus. Die Reste der Wasserversorgungsanlagen von Koryos zeigen, dass besondere Sorgfalt auf die Erlangung von ausreichendem Wasser gelegt war. In den Fels sind große Reservoirs gehauen, drei Aquädukte führten der Stadt das Wasser zu. Zwei von ihnen durchsetzen das im Westen der Stadt gelegene enge Tal auf doppelten Bogenstellungen. Die Länge dieser beiden Leitungen ist keine sehr große, die dritte kommt aus weiter östlicher Ferne, und steht mit dem Lamas Su, der drei und eine halbe Stunde entfernt fließt, in Verbindung. Sie ist über viele Täler auf einfachen oder doppelten Bogenstellungen bis zur Stadt geführt.

Palastes mit Bogengängen, Balkonen, Türmen, Wendeltreppen und dergleichen, und es befindet sich daselbst eine große griechische Inschrift.

Die im Mündungsgebiet des Kalycadnus gelegene Stadt Selefkeh, zeigt in einem sehr großen, aus dem Felsen gehauenen Wasserbecken von 45½ m, 23 m Breite und 10½ m Tiefe und im Aquädukt von Meramlik die Reste der einstigen Wasserleitungsanlagen. Zu den Trümmern von Anamur gehört der Unterbau eines riesigen Aquädukts, der aus kyklopischem Mauerwerk besteht und eine Höhe von 12 – 15 m besitzt.

Wie die meisten der bereits aufgeführten Werke heute in Menscheneinöden liegen und vielfach nur mühsam zugänglich sind, so gilt ein Gleiches auch von den Ruinen des antiken Perge. Perge besteht, wie eine große Anzahl antiker Städte, aus der oberen und unteren Stadt. Die Wasserversorgung der

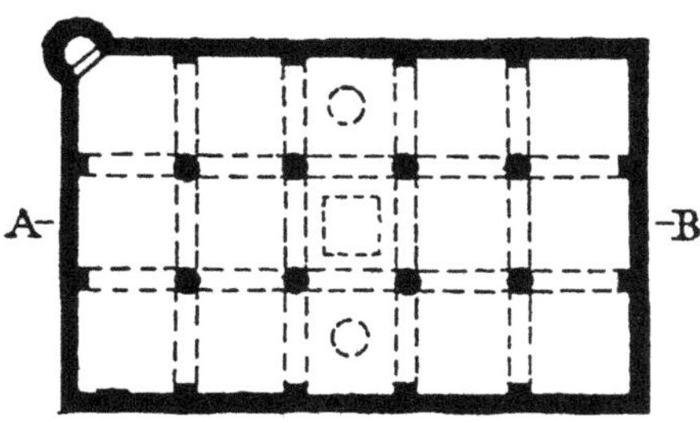

Abb. 19. Längenschnitt und Grundriss einer dreistöckigen Zisterne in Alexandria.

In der Nähe von Elaeusa, anderthalb Stunden von Ajasch, befindet sich ein kleiner Bach mit einer aus dem Felsen gehauenen Vertiefung, die zu einem Wasserbecken führt, das 30 m lang, 15 m breit und 8½ m tief ist. Dieses Becken ist mit einem Spitzbogengewölbe überdeckt, das auf Pfeilern ruht. Dicht an diesen Wasserbehälter stoßen die Ruinen eines alten Kastells und eines

oberer Stadt erfolgte, wie in ähnlichen Fällen durch Zisternen. Im unteren Stadtteil fließt durch die einstige Agora ein Bach in einem Marmorbett. An seinen Seiten befinden sich Löwenrachen, durch welche bei einer Überfüllung das Wasser abfließen konnte. Das Wasser wurde der Stadt mittelst eines zwar nur niedrigen, aber sehr schön gebauten Aquädukts von einer benachbarten

Anhöhe zugeleitet und wurde über die ganze Stadt verteilt.

In der Ruinenstadt Termessus befinden sich neben Bauten aus der Sarazenenzeit seltsame Aquädukte, welche die Stadt nach allen Richtungen hin durchziehen. Sie gehen von einem großen Kanal aus und ruhen auf Mauern von 3 m Höhe. Ein Kanal von 2½ m Breite und 1 m Höhe, aus großen Kalksteinplatten erbaut, durchzieht in einer Länge von rund 300 m die ganze Ruinengruppe. An seinen Seiten sind Steintafeln mit rohen Skulpturen angebracht, Abbildungen von Fischen und anderen Tieren darstellend. Außerdem sind an den Seiten Sitze für Spaziergänger angeordnet. Die Akropolis von Termessus besteht aus zahllosen Bauten, Wohnungen, Gräbern und Felshöhlen sowie aus in Stein gehauenen Treppen. Die Wasserversorgung geschah durch eine Unzahl Zisternen, die überall den Boden unterteufen.

Die gepflasterte Agora, einst von einer großen Anzahl von Prachtgebäuden umgeben, steht über dem größten Bassin. Von allen Seiten stürzen sich die Winterströme und Gewitterbäche über getäfelte Bahnen in diese Behälter. Die von Felsblöcken bedeckten und von Dornendickicht überwucherten Anlagen werden seit Jahrhunderten nur noch hin und wieder zum Tränken von Ziegenherden benutzt und gewähren ein anschauliches Bild der Vergänglichkeit aller irdischen Herrlichkeit.

Wasserversorgungsanlagen der Römer

Der Höhepunkt in der Entwicklung des antiken Wasserversorgungswesens wurde durch die Tätigkeit des römischen Volkes erreicht, wenn auch hinzugefügt werden muss, dass in technischer Beziehung die Schöpfungen der Römer auf diesem Gebiet den griechischen Werken gegenüber keinen Fortschritt aufweisen.

In allen Teilen ihres ausgedehnten Reiches ließen die Römer Spuren ihrer staunenswerten Tätigkeit auch in diesem Zweig der Ingenieurtechnik zurück, und diese Überreste haben in erster Linie zum Ruhm der römischen Ingenieure beigetragen.

Die Anschauungen der Römer über die von einem zu Genusszwecken bestimmten Wasser zu fordernden Eigenschaften waren durchaus zutreffende. Ein gutes Wasser durfte hiernach beim Stillstehen keine Niederschläge bilden und keinen Geschmack und Geruch besitzen, Gemüse musste sich leicht in demselben kochen lassen. Um dem Wasser seine Frische zu erhalten, schützten die Römer es vor der Einwirkung des Lichts und sorgten für Luftzutritt. Das der Stadt Rom durch Aquädukte zugeführte Wasser wussten die Römer sehr wohl nach ihrer Qualität zu unterscheiden. Vitruv beschreibt genau die mit dem Wasser anzustellenden Untersuchungen. Diese Angaben haben den folgenden Wortlaut:

*»**Bewährung des Wassers:** Man probiert und bewährt das Wasser folgendermaßen: Ist es ein am Tage fließendes Wasser, so beobachte man mit vieler Aufmerksamkeit, bevor man es zu leiten anfängt, die körperliche Beschaffenheit der in der Nähe wohnenden Menschen. Sind diese stark, von frischer Gesichtsfarbe, und leiden sie weder an Fußkrankheiten, noch an triefenden Augen, so ist das Wasser bewährt. Ist aber die Quelle erst neu aufgegraben, so bespritze man ein Gefäß von korinthischen oder anderen guten Erzen mit dem Wasser, und macht es keine Flecken darauf, so ist es sehr gut. Auch koche man es in einem Kessel ab, lasse darauf es sich setzen und endlich ablaufen, findet sich alsdann weder Sand noch Schlamm auf dem Boden, so ist es gleichfalls bewährt. Ferner ist es ein Zeichen von gutem, gesundem Wasser, wenn ein darin auf das Feuer gesetztes Gemüse geschwind kocht. Nicht minder erweiset sich ein Wasser dadurch als rein und äußerst gesund, wenn es in seiner Quelle klar und durchsichtig aussieht, und überall, wo es fließt, weder Moos noch Binsen zeugt, noch sonst Unrat zurücklässt.«*

Über die Art und Weise wie Quellen aufzufinden sind, sagt Vitruv:

*»**Aufsuchung des Wassers:** Die Aufsuchung des Wassers kostet keine Mühe, wo lebendige Quellen am Tage vorhanden sind. Wo dergleichen aber nicht von selbst aus der Oberfläche der Erde entspringen, muss man unter der Erde nach ihrem Ursprung graben, und sie sammeln. Zu diesem Zweck beobachte man Folgendes: Erstlich lege man sich vor Aufgang der Sonne an den Orten, wo man nachsuchen muss, platt auf die Erde nieder, stelle und stütze das Kinn auf den Boden und schaue also über die Fläche der Erde hin. Da auf solche Weise*

das Kinn feststeht, so kann der Blick sich nicht höher erheben, als er soll, sondern bestreicht in wagerechter, steter Richtung die Gegend. An den Orten nun, wo man kräuselnde Dünste aufsteigen sieht, da schlage man ein; denn dieses Merkmal, welches man nie an einem trockenen Ort beobachten wird, ist untrüglich. Ferner merke man beim Nachsuchen auf die Beschaffenheit der Orte. Schon daraus lässt sich abnehmen, wo Wasser vorhanden ist. In kreidigem Boden sind die Adern weder tief, noch reichhaltig, noch von gutem Geschmack. Im Staubsande sind sie gleichfalls sparsam, in der Tiefe aber schlammig und unlieblich. Im schwarzen Erdreiche trifft man bloß einen Schweiß und geringe Tropfen an, welche sich zur Winterzeit vom Regen sammeln und an dichten und festen Stellen zusammenfließen. Sie haben den besten Geschmack. Im Kiessand finden sich nur massige und ungewisse Adern. Auch sie sind von vorzüglichem Geschmack. Im Sand und im Karbunkel gibt es gewissere und beständigere Adern, ebenfalls von gutem Geschmack. Der Rotstein ist reichhaltig an sehr gutem Wasser, nur dass es im Raum zwischen den Adern verrinnt und versiegt. Noch reichhaltigere Adern gibt es am Fuß von Gebirgen und Kieselfelsen; diese sind auch kälter und gesünder. In Quellen in der Ebene ist das Wasser salzig, schwer, lau und unlieblich, außer wenn es aus Gebirgen unter der Erde wegläuft und mitten auf der Fläche entspringt. Wird es hier gar noch von Bäumen beschattet, so ist es vollkommen so lieblich, als in Bergquellen. Außer den angeführten Kennzeichen der Orte, worunter Wasser zu finden ist, gehört auch dieses hierher, wenn irgendwo von selbst Binsen wachsen, oder wilde Weiden, Erlen, Keuschbäume, Rohr, Efeu und dergleichen Gewächse mehr, welche schlechterdings ohne Feuchtigkeit weder hervorwachsen noch fortkommen. Es pflegen zwar dergleichen auch in Lachen sich zu befinden, welche tiefer als das übrige Land liegen, und worin das Regenwasser von den Äckern zusammenfließt und den ganzen Winter über, auch wohl noch länger, ohne zu versiegen, stehenbleibt, allein solchen ist nicht zu trauen, sondern bloß in Gegenden und Orten ist nachzusuchen, wo es keine Lachen gibt, und die erwähnten Gewächse ungesät, ganz von selbst wachsen.

An Orten, wo dergleichen Merkmale nicht anzutreffen sind, hat man folgendermaßen zu verfahren: Man grabe ein Loch in die Erde, drei Fuß lang und breit, und nicht unter fünf Fuß tief. Gegen Westen setze man umgestürzt ein inwendig mit Öl ausgestrichenes kupfernes oder bleiernes Gefäß oder Becken, was zuerst bei der Hand ist, hinein. Darauf decke man die Grube oben mit Rohr oder Laub zu und schütte Erde darauf, eröffne sie aber nicht eher als den anderen Tag. Finden sich alsdann Tropfen in dem Gefäß, so ist Wasser an dem Ort anzutreffen. Oder man stelle ein ungebranntes irdenes Geschirr in die Grube und bedecke dieses auf die nämliche Art. Falls Wasser an dem Ort befindlich ist, wird bei Eröffnung das Geschirr feucht, oder gar von der Nässe aufgelöst sein, auch kann man einen Flausch Wolle in die Grube legen. Vermag man am folgenden Tag daraus Wasser zu drücken, so ist dies ein Zeichen, dass auch eine Ader davon an dem Orte vorhanden ist. Ingleichen setzt man eine wohl zurechtgemachte, mit Öl gefüllte Lampe brennend, aber bedeckt, in das Loch; findet man sie am folgenden Tage, ungeachtet noch Öl und Docht vorrätig ist, verlöscht und mit Feuchtigkeit überzogen, so zeigt dieses gleichfalls an, dass Wasser an dem Ort vorhan-

den ist; denn Wärme zieht allemal die Feuchtigkeit an sich. Endlich, wenn man an diesem Ort Feuer anmacht, und es steigt, sobald die Erde erwärmt und erhitzt ist, ein nebeliger Dunst auf, so ist daselbst ebenfalls Wasser befindlich. Hat man diese Versuche angestellt und die angegebenen Merkmale gefunden, so senke man an dem Ort einen Brunnen ab, und trifft man auf eine Wasserquelle, so grabe man noch mehrere Brunnen da herum und vereinige sie alle miteinander durch eine unterirdische Höhle.

Übrigens sind die Quellen vorzüglich in Gebirgen und in mitternächtlichen Gegenden zu suchen. Sie sind dort lieblicher, gesünder und reichhaltiger, weil sie abwärts von der Sonnenbahn liegen, auch viele buschige Bäume und die Berge selbst mit ihrem Schatten verhindern, dass die Sonnenstrahlen nicht gerade in die Erde eindringen und die Feuchtigkeit herausziehen. Es sammelt sich auch das Regenwasser vornehmlich in den Bergtälern, und hält der Schnee sich dort wegen der Dichtigkeit der Wälder, im Schatten der Bäume und Berge desto länger; schmilzt er endlich, so sickert das Tauwasser durch die Erdlagen hindurch, bis es unten zum Fuß des Gebirges gelangt, wo es dann als eine sprudelnde Quelle hervorbricht. In Ebenen dagegen kann es keine Wasseradern geben, oder gibt es auch dergleichen, so können sie doch nicht gesund sein. Die heftige Sonnenhitze, der ganz und gar kein Schatten entgegensteht, zieht alle Feuchtigkeit der Fläche an sich, und kommt dennoch eine Wasserader zum Vorschein, so nimmt der ungehinderte Luftzug die zartesten, reinsten und gesundesten Teilchen davon hinweg und verwehet sie in den Dunstkreis, und nur die schweren, harten, unliebsamen Teilchen bleiben in der Quelle zurück.«

Zur Sammlung und zum Schutz gegen äußere Einflüsse wurden von den Römern an den Quellen in derselben Weise, wie solches von den Griechen geschah, Quellhäuser erbaut. Ein derartiges altes Haus hat man bei Tusculum aufgefunden. Dasselbe besitzt einen oblongen Innenraum, dessen Bedeckung noch mittelst überkragender Steine beschafft worden ist. Die Fortleitung des Wassers von der Quelle nach der Stadt erfolgte in gemauerten Kanälen oder in Röhren. Die gemauerten Kanäle besaßen eine grade Sohlfläche, ihre Überdeckung erfolgte in der Regel durch Platten oder mittelst Gewölbe.

Vitruv gibt über die Erbauung der Wasserleitungen die folgenden Lehren: *»Man leitet das Wasser auf dreierlei Art, nämlich entweder in einem Gerinne, durch gemauerte Wasserläufe oder in bleiernen oder in irdenen Röhren. Bei gemauerten Wasserläufen wird erfordert, dass das Mauerwerk auf das allerstärkste aufgeführt, und dass die Sohle des Gerinnes genau abgewägt werde, so dass das Gefälle auf hundert Fuß nicht unter einem halben Fuß betrage. Auch müssen solche Wasserläufe überwölbt werden, damit nicht die Sonne das Wasser treffe. Falls sich zwischen der Quelle und der Stadt Gebirge finden, so ist also zu verfahren: Man treibe durch das Gebirge eine Grube hindurch, deren Gefälle nach obiger Anweisung abzuwägen ist, und besteht das Gebirge aus Gestein, so haue man gleich darin den Wasserlauf; ist die Sohle aber Erde oder Sand, so mauere und wölbe man die Grube aus und führe alsdann das Wasser darin fort. Übrigens muss alle hundertundvierzig Fuß ein Wasserschacht auf dieselbe niedergesenkt werden.*

Bei Rohrleitungen von Blei muss man gleich bei der Quelle selbst ein Wasser-

schloss anlegen. Darauf sind von diesem Wasserschloss bis zu dem in der Stadt die Röhren, welche mit der Menge des Wassers in Verhältnis stehen, zu führen. Die Röhren dürfen nicht kürzer als zehn Fuß gegossen werden. Eine hundertzöllige Röhre (centenaria fistula) muss bei solcher Länge 1200 Pfund wiegen; eine achtzigzöllige 960 Pfund; eine fünfzigzöllige 600 Pfund; eine vierzigzöllige 480 Pfund; eine dreißigzöllige 360 Pfund; eine zwanzigzöllige 240 Pfund; eine fünfzehnzöllige 180 Pfund; eine zehnzöllige 120 Pfund; eine achtzöllige 96 Pfund; und eine fünfzöllige 60 Pfund. Das Maß der Röhren wird nach der Anzahl der Zoll benannt, welche die Platten, bevor sie krumm gebogen werden, in der Breite halten, und so heißt eine Röhre, welche aus einer 50 Zoll breiten Platte verfertigt wird, eine fünfzigzöllige Röhre, und so weiter in Ansehung der übrigen. Dies ist die Einrichtung einer bleiernen Rohrleitung.

Trifft es sich, dass die Quelle zwar mit Bezug auf die Stadt das gehörige Gefälle hat, dass aber die dazwischen liegenden Berge nicht von einer solchen Höhe sind, welche hinderlich ist, so sind in den Zwischentiefen genau abgewägte Unterbaue anzulegen; oder man kann auch, falls der Umweg nicht zu groß ist, die Röhren um das Gebirge herumführen. Wofern die Täler aber von großer Ausdehnung sind, so leite man die Röhren am Abhang hernieder; unten in der Tiefe aber mache man einen nicht hohen Unterbau, so dass eine sehr lange horizontale Ebene entstehe. Diese wird der Bauch – Venter –, bei den Griechen aber Koilia genannt. Wenn darauf das Wasser zu dem gegenüberliegenden Hügel gelangt so wird es daselbst, weil es in der langen Strecke des Bauches allmählich anschwillt, bis oben auf den Hügel

hinaufgetrieben. Allein legt man unten im Tale weder Bauch noch waagrechten Unterbau, sondern bloß ein Knie – Geniculus – an, so zersprengt der Druck des Wassers die Röhren. Auch müssen im Bauch Luftlöcher angebracht werden, um die Gewalt der eingeschöpften Luft zu brechen. Eine nach dieser Methode eingerichtete Rohrleitung von Blei ist die allerbeste, das Wasser bergabwärts, um Gebirge herum, durch Gründe und bergaufwärts zu leiten. Von großem Vorteil aber wird es zugleich sein, wenn, nachdem das Gefälle von der Quelle bis zur Stadt abgewägt worden ist, alle 24 000 Fuß Wasserschlösser angelegt werden, damit man, wenn die Röhren irgendwo schadhaft werden, nicht nötig habe, das ganze Werk zu zerstören, sondern gleich die schadhafte Stelle ausfinden kann. Nur müssen diese Wasserschlösser weder bergabwärts nach unten im Bauch, noch bergaufwärts, noch überhaupt im Tale, sondern auf ununterbrochener Ebene eingebaut werden.

Allein will man mit geringeren Kosten Wasserleitungen anlegen, so verfertige man sie auf folgende Weise: Man mache gebrannte tönerne Röhren nicht unter zwei Zoll dick und an dem einen Ende spitzig, dass eine in die andere geht und sich genau einschließt. Sodann vergieße man die Fugen der Zusammenfügung mit lebendigem Kalk, welcher mit Öl angemacht worden ist, und da, wo sowohl die bergabwärts kommenden als die bergaufwärts gehenden Röhren mit der Horizontalebene des Bauches einen Winkel machen, bilde man ein Knie aus einem durchbohrten roten Stein, in welchen hier, wo der Hügel sich neigt, die letzte herabkommende und die erste Röhre des Bauches, und dort wo der Hügel sich erhebt, des Bauches letzte und die erste aufwärtsgehende Röhre sich einpressen. Nachdem die Röhren sowohl in der Ebene, als bergab und aufwärts der Abwägung gemäß gelegt worden sind, ist auch dafür zu sorgen, dass sie nicht aus ihrer Lage gehoben werden können; denn es pflegt ein so heftiger Wind sich in den Wasserleitungen zu erzeugen, dass er sogar die Kniesteine zersprengt, wenn man nicht gleich anfangs bei der Quelle das Wasser gemach und sparsam einlässt, auch jedes Knie oder jeden Bug durch Bänder befestigt, oder mit Lastsand beschwert. Im übrigen ist alles, wie bei den bleiernen Röhren, einzurichten. Das Einzige ist noch zu beobachten, dass beim ersten Einlassen des Wassers in die Rohrleitung Loderasche mit hineingetan werde, um die Fugen, wo sie etwa nicht genügsam vergossen sind, damit zu verstopfen.

Falls keine Quelle, woraus Wasser zu leiten ist, vorhanden ist, muss man Brunnen graben. Beim Brunnengraben darf man aber nicht ohne Nachdenken zu Werke gehen. Man muss mit großer Aufmerksamkeit und Sorgfalt die natürliche Beschaffenheit des Orts beobachten; weil es gar viel und mancherlei Erdarten gibt. Gleichwie alle übrigen Dinge besteht auch die Erde aus vier Grundstoffen, nämlich aus sich selbst, aus Wasser, daher die Quellen, aus Feuer, daher Schwefel, Alaun, Harz – Bitumen – und endlich aus Luft, daher die Wetter. Kommen böse Wetter (oder Schwaden) aus dem löcherigen Raum zwischen den Lagen und Flözen der Erde in das Brunnenloch und fallen darin die Brunnengräber an, so versetzen diese schädlichen Dünste ihnen den Atem so, dass diejenigen, welche nicht gleich an die frische Luft gebracht werden können, auf der Stelle ersticken. Diesem kommt man auf folgende Art zuvor. Man lässt eine brennende Lampe in die Grube hin-

ab, bleibt sie brennen, so kann man ohne Gefahr einfahren, erlischt sie aber im dicken Dunste, so gräbt man zur Rechten und Linken des Brunnens Zuglöcher, welche ebenso den Wetterwechsel, wie die Nasenlöcher das Atemholen bewirken. Ist alles dies gehörig beobachtet worden und ist man bis zum Wasser gelangt, so ist die Quelle mit einer Mauer einzufassen, dabei muss man sich jedoch in acht nehmen, dass die Adern nicht verstopft werden.

Allein, wofern der Boden hart ist, oder überhaupt unten keine Wasserquellen zu finden sind, so muss man in Zisternen aus Signinischem Werk, von Dächern und anderen erhabenen Orten das Regenwasser auffangen. Das Signinische Werk wird folgendermaßen bereitet: Man schafft sehr reinen und rauen Sand an, und bricht Kiesel zu stücken, deren keines mehr als ein Pfund wiegen darf. Darauf vermischt man in der Mörtelpfanne sehr strengen Kalk mit dem Sand derart, dass fünf Teile Sand auf zwei Teile Kalk kommen, und schüttet zugleich auch die Bruchstücke mit hinein. Mit dieser Masse überziehe man die Wände der Grube, welche waagerecht in die erforderliche Tiefe abgesenkt ist, und stampfe den Überzug mit hölzernen Stößeln, welche mit Eisen beschlagen sind. Nachdem man die Wände also gestampft hat, räume man das im Mittel befindliche Erdreich hinweg, ebene die Sohle waagerecht mit dem Grund der Wände und gieße darauf aus der nämlichen Mörtelpfanne und schlage einen Estrich von bestimmter Dicke. Kann man solche Zisternen zwei oder drei nebeneinander anlegen, so dass die Wasser aus der einen in die andere sintern können, so wird dadurch desto besser für die Gesundheit gesorgt, denn der Schlamm mag also sich absetzen, wodurch denn das Wasser lauterer wird, und seinen Wohlgeschmack behält, ohne Geruch zu besitzen. Wofern jedoch dies nicht möglich ist, muss man Salz hineinwerfen und so das Wasser läutern.«

Die Vitruvschen Beschreibungen geben ein übersichtliches Bild der Hauptteile der römischen Wasserleitungen und lassen gleichzeitig die Anschauungen der römischen Ingenieure über deren wesentlichste Punkte erkennen. Sie zeigen vor allem, dass den Römern das Prinzip des Hebers keineswegs fremd war. Über die in Vitruvs Werk in dieser Beziehung enthaltenen Mitteilungen hat Belgrand die nachstehenden Darlegungen gegeben. Der Genannte glaubt die verhältnismäßig seltene Anwendung des Hebers bei den großen römischen Wasserleitungen darauf zurückführen zu müssen, dass der damalige Stand der Metallurgie nicht erlaubte, von Druckleitungen Gebrauch zu machen, wenn es sich um die Fortleitung beträchtlicher Wassermengen handelte, da die Verwendung von Bleiröhren in solchen Fällen zu bedenklich war. Belgrand ist ferner der Ansicht, dass die Übersetzung der über den Heber handelnden Stellen des Vitruvschen Werkes in den meisten Fällen nicht richtig erfolgt ist. So habe auch Perrault scharfe Knicke an den Enden der horizontalen, im Tal liegenden Strecke angenommen. Da diese Anordnungsweise bei den auftretenden Wasserschlägen eine verkehrte gewesen sein würde und stets zu einem Leitungsbruch Veranlassung hätte geben müssen, so erscheint es Belgrand wenig wahrscheinlich, dass die römischen Ingenieure nicht das Falsche einer derartigen Verlegungsweise erkannt und demgemäß diesen Fehler vermieden haben sollten. Er glaubt, dass die Leitung im Tal entweder in einer Kurve verlegt oder mit Krümmungen in die anschließenden Strecken überführt worden sei, wie solches auch Vitruvs Werk erkennen lasse.

Belgrand übersetzt die betreffende Stelle Vitruvs folgendermaßen: *»Wofern die Täler aber von großer Ausdehnung sind, so leite man die Röhren am Abhang hernieder und unterstütze dieselben, wenn sie am Grund angekommen, durch einen niedrigen Unterbau, um das Gefälle in bauchartiger Form fortsetzen zu können; dieser Bauch steigt infolge seiner großen Ausdehnung in sanftem Gefälle auf der anderen Seite wieder an und das Wasser wird gezwungen, bis zu dem Gipfel dieser Seite anzusteigen. Wird die Leitung im Talgrund nicht in einem großen Bogen verlegt, bildet sie hier vielmehr ein Knie, so wird das Wasser dieselbe zerbrechen und die Bohrverbindungen zerstören.«*

Die von den Überresten der wenigen römischen Druckwasserleitungen vorliegenden Beschreibungen lassen leider die genauen Verhältnisse, auf welche an dieser Stelle Wert zu legen sein würde, nicht erkennen. Bei zukünftigen Forschungen wird diesem Punkt eingehende Beachtung zuzuwenden sein.

Die älteste Anlage einer städtischen Wasserversorgung der Römer wurde für Rom selbst geschaffen. Auch hier dürfte man sich zunächst mit dem Wasser einiger lokaler Quellen (am Fuß des Coelius, die Wolfsgrotte etc.), und dem Flusswasser begnügt haben, und erst später zur Anlegung von Zisternen und Brunnen geschritten sein. Als diese Hilfsmittel versagten, wurde die Herbeischaffung des Wassers aus größerer Entfernung nötig. Die Lage Roms ist in dieser Beziehung eine sehr günstige, da in der Umgebung der Stadt eine größere Anzahl wasserreicher Quellen vorhanden ist, welche, bevor auf die Aquädukte selbst eingegangen wird, kurz besprochen werden mögen.

Die der Stadt am nächsten liegenden, hier in Betracht kommenden Quellen befinden sich in der Campagna von Rom und bilden drei Gruppen *(siehe Lageplan Abb. 20)*.

Die erste Gruppe besteht aus den Quellen der Aquädukte Appia, Virgo und Augusta, sie liegen in der Nähe des Anio (jetzt Teverone genannt). Die zweite Gruppe speiste das seit Fabretti Alexandrina genannte Aquädukt, der von Trajan und Hadrian erbaut wurde und eigentlich den Namen Hadriana führte. Die dritte Gruppe liegt zwischen Frascati (dem antiken Tasculum) und dem Albaner See und umfasste die Quellen der Aquädukte Tepula und Julia. Die vorgenannten Quellen liegen sämtlich auf dem linken Tiberufer.

Auf dem rechten Tiberufer gibt es ebenfalls eine größere Anzahl Quellen, von welchen sich einige in die hier liegenden erloschenen Krater ergießen und Seen bilden, so den Lacus Sabattinus und den Lacus Alsietinus. Der Erstere speiste das Aquädukt Trajans, der Letztere die Aqua Alsietina. Die bedeutendsten Quellen trifft man auf dem rechten Ufer des Anio, zwischen den Städten Vicovaro und Subiaco an. Während die vorher genannten Quellen in vulkanischem Boden entspringen, entströmt das Wasser der letztgenannten den Kalkfelsen des Apennins.

Die Claudia und Marcia wurde durch sechs Quellen (Curtia, Coerulea, Albudina, die zweite und dritte Sereine (?), sowie die Rosolina) gespeist. Diese Quellen liegen 237 m bis 316,7 m über der Höhenlage der betreffenden Leitungen bei ihrem Eintritt in die Stadt.

Die eingehendsten Nachrichten über die Aquädukte Roms sind Sextus Frontinus, auf welche Persönlichkeit weiterhin eingehender zurückzukommen sein wird, sowie Schriften des Plinius, zu verdanken. Auf die Mitteilungen des Letzteren ist in Folgendem im Allgemeinen kein Bezug genommen. Zur Zeit des Frontinus (74 – 104 n. Chr.) wurde Rom durch die folgenden neun Leitungen Wasser zugeführt: Appia, Anio Vetus, Marcia, Tepula, Julia, Virgo, Alsietina, Claudia, Anio Novus.

Zur Zeit als Procopius (geb. Anfang des 6. Jahrhunderts, gest. 565 n. Chr.) in Rom weilte, gab es nach seinen Anga-

Abb. 20. Lageplan der Wasserleitungen der Stadt Rom.

ben im Ganzen 14 Leitungen. Die fünf hinzukommenden trugen die Namen: Trajana, Severiana, Antoniana, Alexandrina (Hadriana), Aureliana.

Man kann annehmen, dass die Severiana lediglich eine Abzweigung der Claudia war, die nach den Thermen des Septimius Severus ging, während durch die Antoniana Wasser aus der Marcia nach den Thermen des Caracalla floss. Nach **Cassio** war die Aureliana eine unbedeutende Abzweigung der Trajana. Hiernach bleiben gegen die Zeit des Frontinus nur zwei neue Leitungen übrig, die Trajana und Alexandrina. Die Letztere wird richtiger nach der von Fabio Gori aufgefundenen Inschrift als Hadriana bezeichnet. Sie wurde unter Hadrian vollendet.

Die Erbauung der Wasserleitungen erfolgte in Rom durch die Staatsgewalt; nicht alle dienten dem unmittelbaren Bedürfnis, sondern ein Teil war dem Wohlleben der Stadt nutzbar gemacht, indem das zugeführte Wasser zur Speisung von Fontänen oder der Bäder Verwendung fand.

Das älteste römische Aquädukt wurde von Gajus Plautius begonnen und von Appius Claudius Crassus, dem Schöpfer der Via Appia im Jahr 311 v. Chr. vollendet, nach welchem sie den Namen trug. Die Länge dieser Leitung betrug 16,62 km. Die Quellen lagen 62 m über dem Meeresspiegel: Bis zum Eintritt in die Stadt besaß die Leitung ein Gesamtgefälle von 53,63 m. Der Querschnitt ist in *Abb. 21* wiedergegeben, die Breite betrug hiernach 0,8 m, die Höhe 1,6 m. Die Brunnenstube lag an der Praenestinischen Straße.

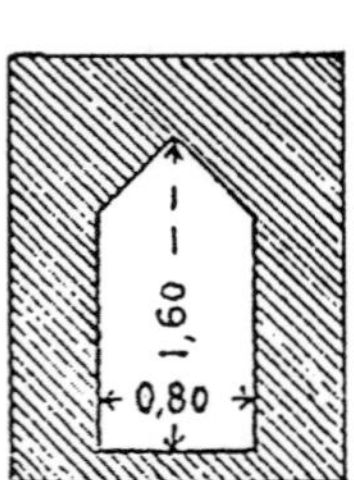

Abb. 21. Querschnitt der Appia.

Es wird heute als zweifellos angesehen, dass bei der Schaffung der ersten bekannten römischen Wasserleitung griechischer Einfluss maßgebend war. Der größere Teil der Leitung war unterirdisch, nur in der Nähe des Tores Capena lag die Leitung auf 89 m Länge auf Bogengängen, in einer Länge von 44,55 m auf anderweitigen Unterbauten über der Erde. Die Verteilung des Wassers fand in der Nähe der Porta Trigemina, bei den so genannten Salinen statt. Von diesem Aquädukt sind nur sehr wenige Überreste erhalten.

Vierzig Jahre später (271 v. Chr.) wurde unter den Censoren M. Curius Dentatus und L. Papyrius Cursor der Bau der zweiten Wasserleitung in Angriff genommen. Ihre Speisung geschah nicht durch eine Quelle, sondern durch den Fluss Anio. Auch der größere Teil dieser Leitung, und zwar 63,3 km, bei einer Gesamtlänge von 63,7 km, war unterirdisch geführt. Sie wurde später mit dem Namen Anio Vetus bezeichnet, zur Unterscheidung einer zweiten von dem genannten Fluss gespeisten Leitung, der Anio Novus. Die Vollendung des zweitältesten Aquäduktes erfolgte durch die Duumviri Curius und Fulvius Flaccus. Der Kanal der Anio Vetus weist, wie die griechischen Wasserleitungen, einen inneren wasserdichten Überzug auf, der aus Kalk und kleinen Backsteinstückchen hergestellt ist.

Die Entnahmestelle der Leitung lag 183 m, die Einmündungsstelle in Rom 53,27 m über dem Meer, so dass das Gesamtgefälle 129,73 m

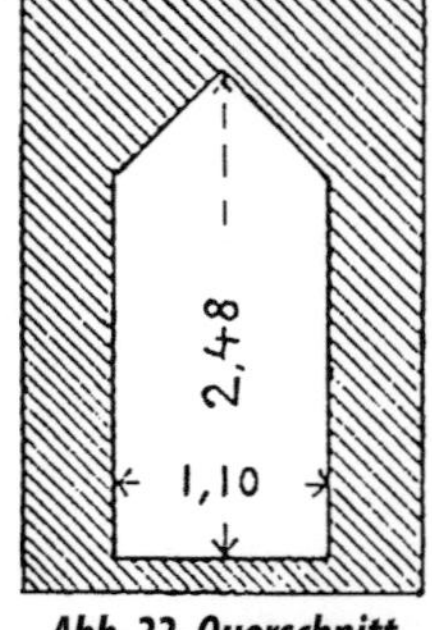

Abb. 22. Querschnitt der Anio Vetus.

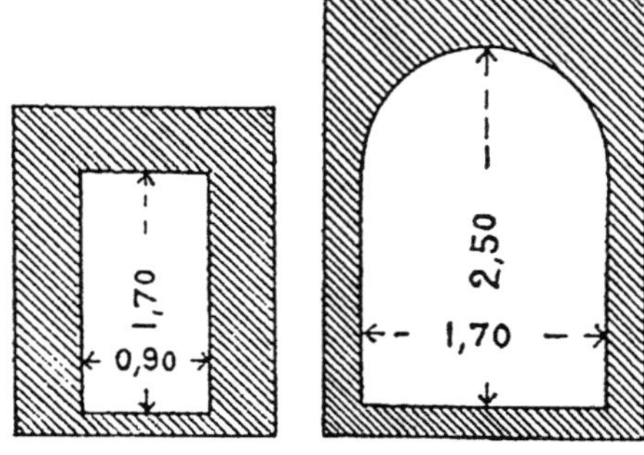

Abb. 23. Querschnitt der Marcia.

betrug. Der Querschnitt des Kanals ist in *Abb. 22* wiedergegeben. Das Gerinne war bedeutend größer als dasjenige der Appia. Die Herstellungskosten dieser Anlage wurden von dem Erlös der dem König Pyrrhus abgenommenen Beute bestritten. Das Bauwerk, auf welchem die Anio Vetus das Tal St. Giovanni überschritt, ist noch erhalten und zeigt in zwei übereinander liegenden Bogenstellungen 35 Öffnungen.

Gegen das Jahr 143 v. Chr. erhielt der Prätor Q. Marcius Rex den Auftrag, die beiden vorgenannten Wasserleitungen, die schadhaft geworden waren, zu reparieren und neue Quellen der Stadt zuzuleiten.

Diese dritte Leitung erhielt den Namen Marcia. Die Brunnenstube befand sieh am 33. Meilenstein der Valerischen Heerstraße. Die Leitung führte Quellwasser und wurde das durch sie zugeführte Wasser als Trinkwasser besonders geschätzt, während das Wasser der Anio Vetus vorwiegend zu Badezwecken, Bewässerungen und ähnlichen Zwecken diente. Die Höhenverhältnisse der Aqua Marcia ermöglichten eine Versorgung des Capitols. Die Quellen der Marcia liegen 53 km von Rom entfernt, in einer Höhe von 317 m über dem Meeresspiegel. Die Länge betrug 91,64 km. Der Querschnitt des Gerinnes dieses

Aquädukts, der auf 10 298 m Länge von Bogenstellungen und auf 784 m Länge durch anderweitige Konstruktion getragen wurde, ist in der *Abb. 23 links* veranschaulicht. *Abb. 23 rechts* zeigt den Querschnitt des Gerinnes in der Nähe der Quelle. Diese Leitung zeigt in bestimmten Abständen Schlammfänge. Die Einmündungsstelle in Rom lag 54 m über dem Meer, das zur Verfügung stehende Gefälle betrug somit 263 m. Wie Belgrand hervorhebt, wäre es hiernach leicht möglich gewesen, die Trasse durch Variation des Gefälles abzukürzen, was jedoch nicht geschehen ist, vielmehr folgt die Leitung allen Windungen des Anio-Tals usw. Die Anio Vetus und die Marcia laufen nebeneinander her. Die drei ältesten Aquädukte Appia, Anio Vetus und Marcia zeigen in ihrem Mauerwerk den Charakter des guten griechischen Mauerbaues, wobei die Festigkeit auf der Schwere der verwandten Steine beruhte. Interessante Überreste der Aquädukte Marcia und

Abb. 24. Ponte St. Antonio (Marcia und Anio Vetus).

Anio Vetus finden sich an der Überschreitungsstelle des Tales Degli Arci, woselbst die Bogenstellungen, mittelst deren hier das Gerinne überführt ist, noch vorhanden sind. Weitere Reste der Marcia sind die Brücke St. Peter sowie ein Teil des Wasserschlosses in der Umgegend von Tivoli. Zu dem letzteren Bauwerk sind kleinere Steine verwandt, ein Zeichen, dass es erst später errichtet wurde. Der Ponte St. Antonio, welcher in *Abb. 24* wiedergegeben ist, diente der Überführung der Leitungen Marcia und Anio Vetus, während der Ponte Lupo, *Abb. 25 u. 26*, die vier Leitungen: Marcia, Anio Vetus, Anio Novus und Claudia überleitete.

Abb. 25. Ponte Lupo (Marcia, Anio Vetus, Anio Novus und Claudia).

Die vierte Leitung, die Aqua Tepula, kam 19 Jahre später wie die Marcia (126 v. Chr.) unter den Censoren Sn. Servilius Caepio und Cassius Longimus zur Ausführung. Die Brunnenstube liegt am 11. Meilenstein der Lateinischen Heerstraße. Die Länge der Tepula betrug 18,9 km; 9610 m ruhten auf Arkaden, 784 m auf anderweitigen Subkonstruktionen, die Einmündungsstelle in Rom lag 38,23 m über dem Tiberkai. Den Querschnitt zeigt *Abb. 27*. Trotz des kurzen Zeitraums, der zwischen der Erbauung der Marcia und Tepula liegt, weisen die beiden Aquädukte hinsichtlich ihrer Erbauungsweise erhebliche Unterschiede auf.

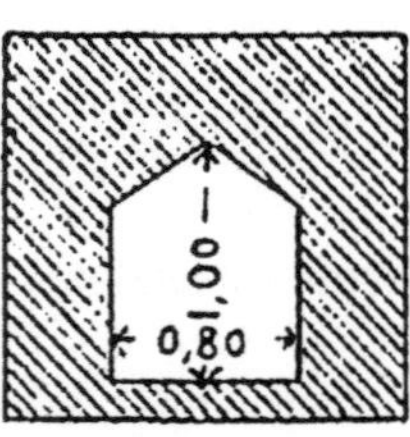

Abb. 27. Querschnitt der Tepula.

Die Römer waren in der Zwischenzeit Maurer geworden und hatten erkannt, dass mit gutem Mörtel und kleinen Steinen billiger ein fast ebenso dauerhaftes Mauerwerk wie mit behauenen Steinen herzustellen war. Das Mauerwerk der Tepula, welche auf einer Länge von 13 395 m über der Marcia liegt, ist ein sehr gleichmäßiges und zeigt nicht die Abwechselung zwischen Ziegelsteinschichten und Bruchsteinschichten, wie sie das römische Mauerwerk sonst meistens aufweist. Opus Reticulatum kam in diesem Zeitpunkt noch nicht zur Ausführung.

Im Jahr 34 v. Chr. wurde das Wasser der Quelle Julia durch den Aedilen M. Agrippa nach Rom geleitet. Die Brunnenstube dieser 22,9 km langen Leitung, die den Namen Julia erhielt, befand sich am 12. Meilenstein der lateinischen Heerstraße. 9010 m dieser Lei-

Abb. 26. Grundriss des Ponte Lupo.

tung waren in Bogengängen eingebaut. In der Nähe der Stadt vereinigte sich die Marcia mit der Tepula und Julia, der Kosteneinsparung wegen wurden alle drei Leitungen, in Kanälen getrennt, über dieselben Bogen geführt. Die Einmündungsstelle lag 39,71 m über dem Tiberkai. Den Querschnitt zeigt *Abb. 28*.

Im Jahr 21 v. Chr. ließ Agrippa eine weitere Leitung, Aqua Virgo, herstellen. Das Wasser dieses Aquädukts war das einzige, das niemals Trübungen zeigte. Es entstammte mehreren Quellen des Lukullischen Gebirges. Die Länge betrug 23,0 km, 1039 m ruhten auf Bögen, 800 m waren tunneliert. Die Quellen liegen 70 m über dem Meer. Die Einmündungsstelle lag 10,43 m hoch. Den Querschnitt zeigt

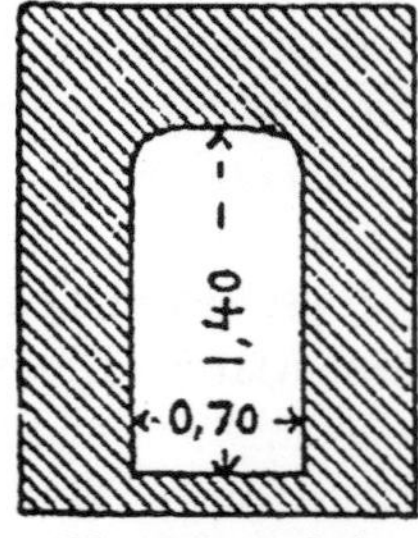

Abb. 28. Querschnitt der Julia.

Abb. 29. Die Leitung endigte etwa in der Gegend des Palazzo Serlupi.

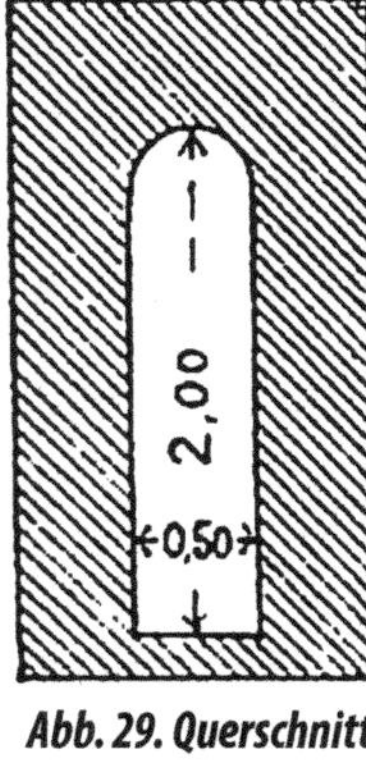

Abb. 29. Querschnitt der Virgo.

Außer dem Neubau der Julia und Virgo führte Agrippa zugleich die Wiederherstellungsarbeiten an den abermals in Verfall geratenen Leitungen der Appia und der Anio Vetus und der Marcia aus. Derselbe versah die Stadt mit 150 Springbrunnen, 130 Wasserkastellen und 700 Brunnen. Diese Schöpfungen wurden mit 300 erzenen und marmornen Statuen und mit 400 Säulen aus Marmor verziert.

Wie sich aus dem Angeführten ergibt, kamen die sechs Leitungen Appia, Anio Vetus, Marcia, Tepula, Julia und Virgo unter der Republik zur Ausführung, zur Zeit des Kaiserreiches wurden drei weitere hergestellt.

Ganz besondere Sorgfalt wendete Augustus der Unterhaltung und Verbesserung der Wasserleitungen zu. Um die Wassermenge der Marcia zu vergrößern, wurde eine neue Quelle (Augusta, jetzt Rosolina genannt), in diese eingeführt, wodurch die Leistungsfähigkeit des Aquädukts auf das doppelte vergrößert wurde. *Abb. 30* zeigt den Querschnitt der Augusta.

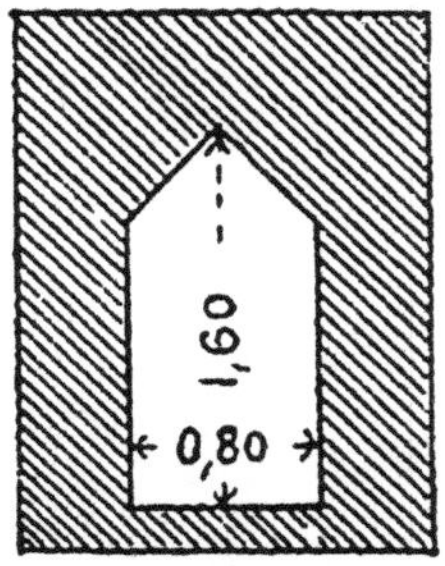

Die Alsietina verdankt ihre Entstehung ebenfalls Augustus. Das Wasser war jedoch weder schmackhaft, noch gesund und hat

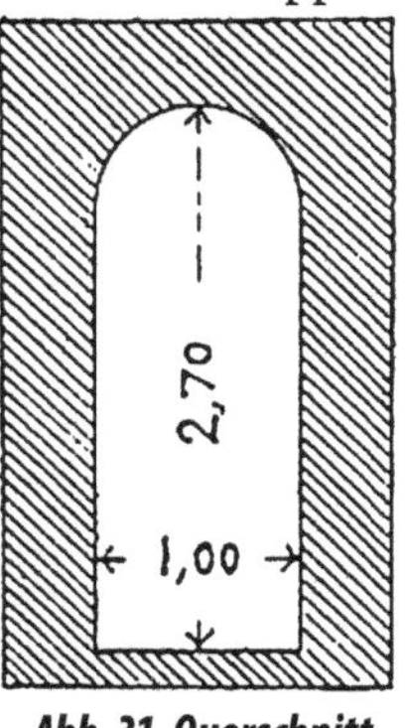

Abb. 30. Querschnitt der Julia.

wohl in erster Linie der Versorgung der von Augustus erbauten Naumachie[1] gedient. Die Wasserzuführung geschah bei dieser Leitung aus dem Alseatinischen See. Die Länge der Leitung betrug 33 km, auf 530 m Länge ruhte der Kanal auf Bogen. Die Einmündungsstelle lag etwa 10,43 m über dem Tiberkai.

Eine weitere Bereicherung erfuhren die Wasserleitungen Roms durch den Kaiser Claudius. Die beiden Aquädukte Claudia (Querschnitt 1 m breit, 2 m hoch) und Anio Novus *(Abb. 31)*, die nach Frontin eigentlich eine Doppelleitung bildeten, waren zwar unter Caligula bereits begonnen worden, erhielten jedoch erst unter Claudius ihre Ausgestaltung. Diese beiden Aquädukte sind die bedeutendsten Roms. Sie werden, da ihr Lauf vielfach ein gemeinsamer ist, zweckmäßig zusammenbehandelt. Drei Quellen Curtia, Caerulea und Albudina speisten die Claudia. Eine vierte Quelle, Augusta (heute Rosolina), konnte nach Belieben in die Claudia oder in die Marcia geleitet werden. Die Anio Novus erhielt das Wasser aus dem Fluss Anio und zwar 6 km oberhalb der Quellen der Marcia und Claudia; später wurde die Leitung unter Nerva bis oberhalb Sublaco verlängert. Trajan fügte eine zweite Zuführungsleitung hinzu. Die Gesamtlänge beider Aquädukte betrug 156 km. Die neue Entnahmestelle der Anio Novus lag etwa in der Höhe der Quellen der Claudia. Während die Anio Novus eine

Abb. 31. Querschnitt der Anio Novus.

1) Eine Anlage, um Seeschlachten nachzustellen.

Länge von 87169 m hatte, betrug die der Claudia nur 68913 m. Das letztere Aquädukt war viel rationeller trassiert als der erstere. Die Überschreitung der verschiedenen Talschluchten erfolgte mittelst Brücken. In der Nähe des Tals

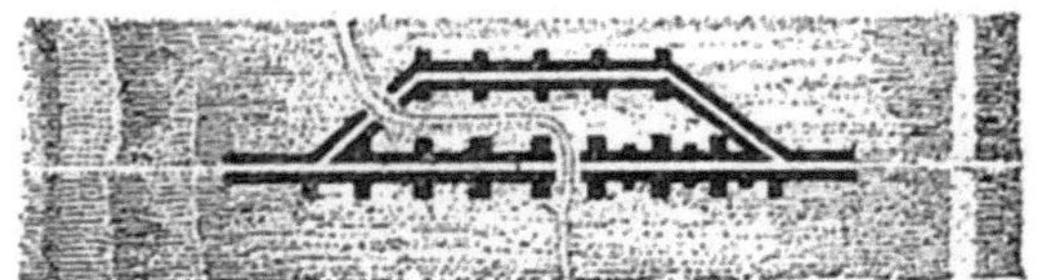

Abb. 33. Grundriss des Aquädukts der Claudia im Tal Degli Arci.

Degli-Arci liegt ein doppeltes Aquädukt, dessen Ansicht und Grundriss in den *Abb. 32 u. 33* wiedergegeben ist. Den wirkungsvollsten Eindruck rufen die beiden Leitungen auf der Strecke,

Abb. 32. Aquädukt der Claudia im Tal Degli Arci.

auf der sie die Campagna durchschneiden, hervor. Hier bestehen die mächtigen Arkaden aus behauenen Steinen. *Abb. 34* gibt das Bauwerk in der Nähe von Roma Vecchia wieder. Schon oft ist die Empfindung geschildert worden, die der eigenartige Anblick dieser lang dahingestreckten Reste vergangener Herrlichkeit inmitten der Einöde, in welcher sie jetzt gelegen sind, hervorruft. Die Weite der Bogen variiert zwischen 5,4 m und 6 m, die Stärke der Pfeiler ist 2,4 m bis 2,45 m. Wie *Abb. 34* erkennen lässt, ist in einzelne Öffnungen unter dem Quaderbogen ein Ziegelgewölbe eingebaut. Belgrand glaubt diese eigen-

Abb. 34. Arkaden der Aquädukte Claudia und Anio Novus bei Roma Vecchia.

tümliche Konstruktion darauf zurückführen zu können, dass wahrscheinlich die Römer die unvermeidlichen, durch Temperaturschwankungen hervorgerufenen Risse für ein Zeichen einer nicht genügenden Stärke der Gewölbe angesehen und diesen scheinbaren Fehler durch eine Verstärkung der Gewölbe haben beseitigen wollen. Der auf der Claudia liegende Leitungskanal der Anio Novus ist vollständig aus Ziegelsteinen hergestellt.

Abb. 36 zeigt gleichfalls die beiden Aquädukte, und zwar bei Porta Furba (etwa zwei Meilen von Rom) mit den Resten eines in Ziegelmauerwerk erbauten Wasserschlosses der Claudia. Rechts befinden sich die Bögen der päpstlichen Leitung Felice, deren Querschnitt zum Vergleich beigefügt ist *(Abb. 35)*. Die Bogen und sonstigen Unterkonstruktionen der Claudia und der Anio Novus

besaßen zusammen eine Länge von 14173 m, auf einer Länge von 803 m waren die Leitungen als Tunnel hergestellt. Die Quellen resp. die Einflussstellen lagen 255 m resp. 250 m über dem

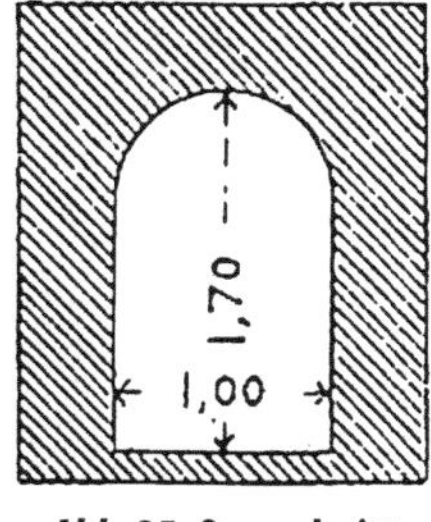

Abb. 35. Querschnitt der Felice.

Meer. Die Einmündungsstelle der Anio Novus in die Stadt lag 48,12 m hoch. In der Nähe des Palastes Sessorien befand sich das gemeinsame Wasserkastell, von dem noch Überreste existieren. Vermutlich fand in diesem Behälter eine Vermischung des Wassers beider Aquädukte statt. Von dieser Stelle gehen die Bogen des Neroanischen Aquädukts ab, die nur eine Leitung trugen. *Abb. 39* gibt ein Bild dieses letzteren Bauwerks, welches sich

Abb. 36. Arkaden der Aquädukte Claudia und Anio Novus bei Roma Vecchia.

vom Caelius bis zum Tempel des Claudius erstreckte. Eine Abzweigung versorgte das Nymphäum Neros und erstreckte sich bis zum kaiserlichen Palast auf dem Palatin. Streckenweise bestand diese Leitung aus einfachen, streckenweise aus doppelten Bogenstellungen. Das Gerinne besaß nach Fabretti eine Breite von 83 cm und eine Höhe von 1,63 m. Die Weite der Bogen schwankt zwischen 8,17 m und 5,49 m. Die zu dem Bau verwandten Ziegelsteine besitzen eine verschiedene Größe (40 – 59 cm). Das ganz aus Ziegeln erbaute Werk weist eine sehr gute Fügung auf und legt Zeugnis davon ab, dass es in einer hervorragenden Bauperiode entstand. Die Leitung zieht sich bis zu dem Bogen des Dolabella und Seianus hin,

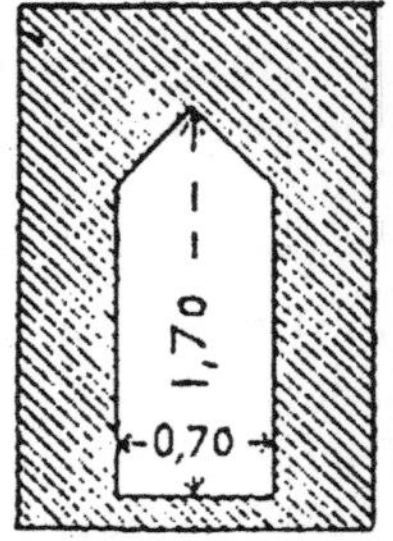

Abb. 37. Querschnitt der Hadriana.

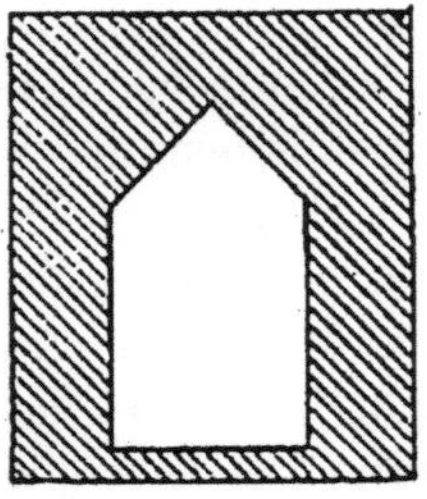

Abb. 38. Querschnitt der Alexandrina.

wendet sich alsdann nordwestlich und erreicht alsbald ihren Endpunkt.

Abb. 40 gibt ein Bauwerk wieder, dessen Entstehung auf Claudius zurückzuführen ist und als Straßendenkmal der Aqua Virgo bezeichnet wird. Dieses Denkmal, ein Straßenbogen, ist aus mächtigen Travertinblöcken errichtet und wurde dieser Teil der Leitung, welcher, wahrscheinlich aus Anlass der Erbauung des Amphitheaters neben der Septa, durch Caligula beseitigt worden war, im Jahr 46 n. Chr. unter Claudius gebaut.

Außerordentlich große Verdienste erwarb sich, wie auf dem Gebiet des öffentlichen Bauwesens überhaupt, so auch auf dem speziell hier zu behandelnden, Kaiser Trajan. Die Trajana verdankte

Abb. 39. Neroanisches Aquädukt.

Abb. 40. Straßendenkmal der Aqua Virgo.

diesem Kaiser ihre Entstehung. Auf den Münzen dieses Herrschers wird die im Jahre 111 n. Chr. vollendete Leitung als Aqua Trajana bezeichnet.

Hinsichtlich der Hadriana oder Alexandrina *(Abb. 37 u. 38)* ist anzuführen, dass deren Quellen denjenigen, durch welche der neuere Aquädukt Felice gespeist wird, unmittelbar benachbart sind. Innerhalb der Campagna besitzen die Bogenstellungen, 602 an der Zahl, eine bedeutende Höhe. Sie sind aus Ziegeln erbaut, die Bogenweite schwankt zwischen 2,12 m bis 3,36 m. Das Wasser dieser Leitung verursachte außerordentlich starke Niederschläge, so dass ein beträchtlicher Teil des Gerinnes damit ausgefüllt ist. Da es leicht möglich gewesen wäre, durch eine andere Führung die Durchschreitung des

Abb. 42. Querschnitt der Serveriana.

Tals an der tiefsten Stelle zu vermeiden, so glaubt man, dass der Wunsch, durch die äußere Gestaltung das Bauwerk besonders bemerkenswert zu machen, zu

Abb. 41. Bogenstellungen der Hadriana bei Contocellae.

der gewählten Trasse Veranlassung gegeben hat. Die Bogen erhoben sich an einzelnen Stellen bis zu einer Höhe von 21 m. *Abb. 41* zeigt eine kurze Strecke der Aquäduktsreste bei Centocellae.

Die Severiana hält Belgrand für eine Abzweigung der Claudia zur Speisung der Thermen des Septimius Severus, ihren Querschnitt gibt *Abb. 42* wieder.

67

Von den von Frontinus beschriebenen Leitungen nähern sich fünf fast auf derselben Linie Rom. Die gleiche Trasse zeigt außerdem der moderne Aquädukt Felice. Die fünf Leitungen Marcia, Tepula, Julia, Claudia und Anio Novus kreuzen sich drei Meilen von Rom entfernt an einem Punkte, dem Fiscale-Turm (Torre Fiscale).

Die Mehrzahl der Leitungen trat in der Nähe des Tores Esquilinus, später Porta Maggiore genannt, in Rom ein. *Abb. 43* gibt eine Darstellung dieses Tores von Piranesi mit den beiden darüber geführten Leitungen Claudia und Anio Novus. *Abb. 44* ist eine Fotografie, welche den gegenwärtigen Zustand darstellt und fünf Leitungen vereinigt zeigt. Rechts in der Mauer sind die Gerinne der drei Leitungen Marcia (untere), Tepula (mittlere) und Julia (obere) zu erblicken, während über dem Tor die beiden bereits genannten Aquädukte Claudia und Anio Novus zu sehen sind. Die drei Leitungen Marcia, Tepula und Julia überschreiten in ihrem weiteren Verlauf gemeinsam die Porta St. Lorenzo (früher Porta Tiburtina), über welches Tor später die päpstliche Leitung Felice gleichfalls geführt wurde. *Abb. 45* ist eine Darstellung dieses Tores nach Piranesi. Nach der Inschrift wurde das Bauwerk von Augustus spätestens im Jahre 5 v. Chr. errichtet und in späterer Zeit von Titus und Caracalla ausgebessert.

Die Zusammenstellung unten gibt die Hauptdaten der neun Aquädukte und ermöglicht die Anstellung von Vergleichen. Dieselbe lässt besonders erkennen, wie das Wasser im Laufe der Jahrhunderte mit immer größerer Druckhöhe

Übersicht über die Aquädukte Roms

	Name der Aquädukte	*Zeit der Erbauung*	*Erbaut durch resp. unter*	*Art der Speisung*
1.	Appia	311 v. Chr.	Appius Cluadius Crassus	durch Quelle
	Zuleitung		Augustus	
2.	Anio Vetus	271 v. Chr.	Censoren M. Curius Dentatus und L. Papyrius	Aus dem Fluss Anio
3.	Macia	145 v. Chr.	Marcius Rex	durch Quelle
	Zuleitung		Augustus	
4.	Tepula	126 v. Chr.	Censoren Sn. Servilius Caepio und Cassius Longimus	durch Quelle
5.	Julia	34 v. Chr.	Agrippa	durch Quelle
6.	Virgo	21 v. Chr.	Agrippa	durch Quelle
7.	Alsietina	19 v. Chr.	Augustus	Aus dem Alesiatinischen See
8.	Claudia	50 n. Chr.	Caligula und Claudius	durch Quelle
9.	Anio Novus		Caligula und Claudius	Aus dem Fluss Anio

Abb. 43. Porta Maggiore (früher Porta Esquilinus) mit den Aquädukten Anio Novus und Claudia.

Höhenlage der Anfangsquelle über dem Meer	Höhenlage der Einmündung über dem Tiberkai (Rondelet)	Höhe der Eintrittsstelle in Rom nach Blumensthil	Gesamtlänge	Von der Gesamtlänge	
				Bogenstellungen u. sonstige Subkontruktionen	Tunnel
62 m	8,37 m		16,62 km	134 m	
			9,47 km		
183 m	25,17 m		63,70 km	328 m	
317 m	37,48 m	54,15 m	91,64 km	11 082 m	
			1,19 km		
252 m	38,23 m	56,07 m	18,90 km	10 394 m	
252 m	39,71 m	57,53 m	22,91 km	10 394 m	
70 m	10,43 m		23,02 km	1 841 m	800 m
	10,43 m		32,93 km	530 m	
317 m	47,42 m	61,12 m	68,90 km	15 111 m	803 m
250 m	48,12 m	63,27 m	87,17 km	13 960 m	802 m

in Rom eingeführt wurde, was zur Folge hatte, dass die Aquädukte in der Ebene eine immer größere Höhe erhielten und eine Leitung über der anderen hinweggeführt werden musste. Die Bogen der Claudia erheben sich in der Ebene bis zu einer Höhe von 32,40 m.

Vom technischen Standpunkte aus ist ein Vergleich, den Belgrand angestellt hat, um das Ergebnis des Trassierens der alten römischen Ingenieure, der Ingenieure zur Zeit Claudius und der Ingenieure der Neuzeit zu veranschaulichen, von besonderem Interesse, indem derselbe den im Laufe der Entwicklung erreichten Fortschritt erkennen lässt. Der Genannte vergleicht zu diesem Zweck die drei Aquädukte: Marcia, Claudia und die im Jahr 1870 fertiggestellte Pia. Diese drei Leitungen gehen fast von demselben Punkt aus und endigen nahezu an derselben Stelle in Rom.
Die Längen betragen:

- Marcia (erbaut 145 v. Chr.)   = 91 639 m
- Claudia (erbaut 50 n. Chr.)   = 68 913 m
- Pia (erbaut 1870 n. Chr.)   = 52 000 m

Hiernach sind bei der Claudia bereits 22 726 m gegen die Marcia, und bei der Pia, bei welcher von Siphons Gebrauch gemacht wurde, weitere 16 913 m, d. h. also gegen die Marcia im Ganzen 39 639 m Verkürzung oder etwa 44 % erreicht worden.

Die Römer bedienten sich zum Nivellieren des Chorobates, eines Hilfsmittels, das bei so langen Strecken, wie sie bei den Wasserleitungen vorkommen, erhebliche Fehler in den Schlussresultaten haben musste, da jede Umstellung den Fehler auf die nächste Stellung übertrug. Durch die Anordnung eines ziemlich starken Gefälles der Gerinne wurden die Fehler, die der Nivellierende (Librator) gezwungenerweise begehen

musste, wieder ziemlich ausgeglichen. Vitruv gibt als Minimalgefälle ein solches von 1:200 an. Diese bedeutende Neigung kam jedoch durchaus nicht immer zur Anwendung. Zu Vitruvs Zeit gab es sogar bereits sechs Wasserleitungen, die ein erheblich geringeres Gefälle besaßen. Das geringste von den Römern angewandte Gefälle besitzt nach Belgrand das Aquädukt von Sens, nämlich 0,5 m auf den Kilometer. Belgrand führt dieses Werk als einen Beweis dafür an, dass die angewandten Nivellierinstrumente sehr unvollkommen gewesen seien, da auf einer Entfernung von 5990 m das kilometrische Gefälle ohne irgendwelche notwendige Veranlassung zwischen 0,01 – 2,47 m schwankt. Mit Recht hebt der Genannte hervor, dass die modernen Wasserleitungen den römischen in diesem Punkte weit überlegen sind. Das von den Römern zur Anwendung gebrachte übermäßig starke Gefälle bewirkte, dass die Aquädukte zum Teil außerordentlich niedrig in Rom einmündeten. So konnte die Virgo nur den niedrigst gelegenen Teil Roms versorgen, während es bei Anwendung eines nach heutigen Begriffen noch zulässigen Gefälles möglich gewesen wäre, dieses vortreffliche Wasser selbst nach den hochgelegenen Häusern zu leiten.

Die Beschaffenheit des durch die römischen Aquädukte zugeführten Wassers war eine sehr verschiedene. Einzelne leiteten der Stadt Wasser zu, das zu Genusszwecken überhaupt nicht verwendbar war. Der Härtegrad schwankte zwischen 18 bis 27, im Allgemeinen war das Wasser namentlich außerordentlich kalkhaltig. An den undichten Stellen des Mauerwerks setzten sich (wie einzelne der Abbildungen von Piranesi dieses erkennen lassen) große Massen ab. Auch das Innere der Leitungsgänge und Röh-

Abb. 44. Porta Maggiore (früher P. Esquillinus) mit den Aquädukten Anio Novus und Ckaudia sowie Julia, Tepula und Marcia.

Abb. 45. Porta St. Lorenzo (früher Porta Tiburtina) mit den Aquädukten Marcia, Tepula und Julia.

ren weist umfangreiche Ablagerungen auf. In verschiedenen Strängen füllten diese Stoffe drei Viertel des Querschnittes aus.

Bis zu den Zeiten Kaiser Nervas fand eine Scheidung in der Benutzungsweise des von den verschiedenen Aquädukten gelieferten Wassers nicht statt, so dass sogar das beste Wasser zu den gewöhnlichsten Zwecken benutzt wurde. Seit Nerva erhielt jedoch das Wasser je nach seiner Güte eine bestimmte Verwendung. Das Wasser der Marcia wurde fortan vollständig als Trinkwasser ausgenutzt.

Zur Absetzung von Unreinlichkeiten resp. zur Sammlung des Wassers kamen eine Reihe bemerkenswerter Bauwerke, Piscinen zur Ausführung. In Rom selbst dienten diese Behälter lediglich zur Klärung des Wassers, nicht zur Aufspeicherung, wenigstens so weit sie öffentlich waren. Derartige Klärbehälter hatten sechs der Aquädukte, nämlich: Anio Vetus, Marcia, Julia, Tepula, Anio Novus und Claudia. Dass die Römer auch das gute Wasser, wie z. B. dasjenige der Marcia in einen Klärbehälter eintreten ließen, beruhte darauf, dass mit Ausnahme der Quelle Virgo alle übrigen zeitweise Trübungen ausgesetzt waren. Die größte römische Piscina misst 51,6 m in der Länge und 29,8 m in der Breite, sie bedeckt mithin eine Fläche von 1538 m². In Rom gab es ein- und zweigeschossige Behälter dieser Art. Das Wasser trat in dem letzteren Falle unter Druck in das untere Geschoss ein und stieg durch ein Loch in das obere, von wo aus es in das in die Stadt führende Gerinne überquoll. Bei einzelnen dieser Piscinen floss das Wasser in eine Kammer des Obergeschosses, sank dann in das Untergeschoss und stieg von hier aus abermals in das Obergeschoss empor. Von hier aus strömte alsdann das Wasser in das in die Stadt führende Gerinne über. Das Fassungsvermögen dieser Behälter in

Abb. 46. Porta St. Lorenzo (früher Porta Tiburtina) mit den Aquädukten Marcia, Tepula und Julia.

Rom war höchstens so groß, dass das Wasser sich kaum eine Stunde in denselben befand. Als besonders hervorragende Bauwerke dieser Art sind die Piscinen zu Fermo und zu Bajä zu nennen. Die Piscina zu Fermo besitzt zwei Stockwerke übereinander. Jedes Stockwerk zeigt drei weite, langgestreckte Bäume, die untereinander durch kleinere Öffnungen zusammenhängen. Die Decken sind durch Tonnengewölbe hergestellt.

Abb. 48. Querschnitt der Piscina bei Hiero.

Das große, bereits früher erwähnte Reservoir zu Bajä, die Piscina Mirabilis, nimmt einen Flächenraum von 70 × 25,5 m ein. Der Behälter wird durch 48 freistehende, sehr schlanke Pfeiler gestützt, auf welchen Gewölbe ruhen. Nach dem Reservoirboden führen zwei Treppen von je 40 Stufen hinab. In der Mitte des Fußbodens befindet sich eine erhebliche Vertiefung zur Aufnahme des sich absetzenden Schlamms. Die gesamten Innenwände, sowie die Pfeiler sind mit Stuck überzogen.

Mächtige Reste eines derartigen Wasserbehälters sind in der Nähe des Kastells Gandolfo am Albaner See vorhanden. *Abb. 46* gibt eine Ansicht des Innern dieser Piscine wieder.

Überreste ähnlicher, durch die Römer zur Ausführung gekommener Aufspei-

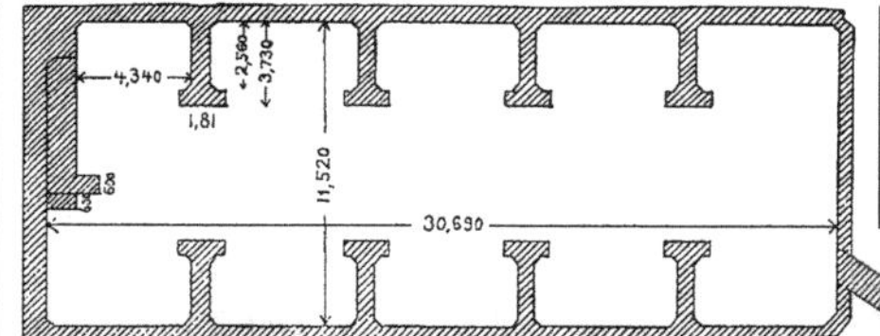

Abb. 47. Grundriss der Piscina bei Hiero.

cherungskammern für Wasser finden sich erklärlicherweise in vielen Teilen des einstigen römischen Weltreiches. Die *Abb. 47–50* zeigen die Anordnung einer solchen durch den römischen Senator Antonin bei Hiero in der Umgegend von Epidaurus zur Ausführung gekommenen Anlage. Das Bassin ist

Abb. 49. Längenschnitt der Piscina bei Hiero.

unbedeckt. Wie der Grundriss *Abb. 47* zeigt, sind vier Quermauern in der Wasserkammer erbaut, durch welche jedenfalls der seitliche Erddruck aufgenommen werden sollte. Der Querschnitt lässt außerdem die Einspannung eines Gewölbes erkennen. Die Wasserzulei-

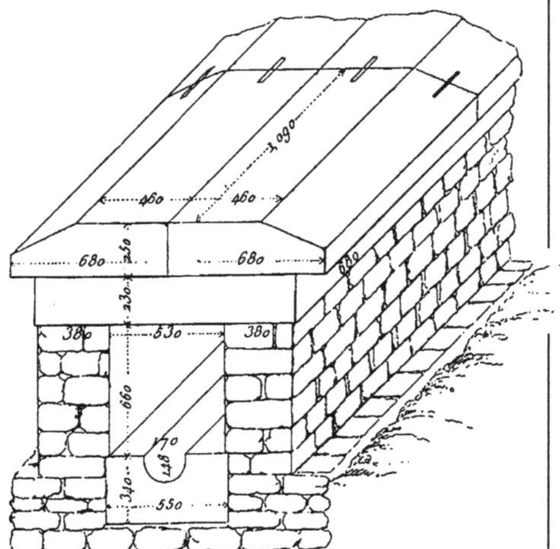

Abb. 50. Zuleitungskanal der Piscina bei Hiero.

tung erfolgte oberirdisch mittelst eines gemauerten, durch Steinplatten abgedeckten Kanals, dessen Einzelheiten *Abb. 50* wiedergibt.

Ähnliche Behälter wurden auch in die Zuleitungen selbst, und zwar in bestimmten Entfernungen (nach Vitruv 24 000 Fuß) eingebaut. An diesen Behältern wurde das Wasser an die Landbewohner abgegeben, ihr Hauptzweck war jedoch die Auffindung schadhafter Stellen zu erleichtern.

Das von den Römern angewandte System der Wasserverteilung innerhalb der Stadt weicht von der modernen Art der Wasserzuführung nach den Verbrauchsstellen vollständig ab. Die römische Verteilungsweise hat sich während des ganzen Mittelalters erhalten. Bei den modernen Anlagen gehen durchgängig einzelne Hauptstränge von der Versorgungsstelle ab, an dieselben schließen sich die Unterleitungen und an diese wieder die Hausversorgungsleitungen an *(Abb. 51)*. Die Wasserverteilung der Römer begann bei den Wasserschlössern. Die Verteilungsweise der Römer ist in *Abb. 52* schematisch dargestellt.

Vitruv schreibt über die Wasserschlösser das Folgende:

»Wenn die Wasserleitung bis zur Stadt gelangt ist, so legt man ein Wasserschloss (Castellum) an; und mit diesem Wasserschloss verbinde man zur Aufnahme des Wassers einen dreifachen Einhang (Triplex Inmissarium); auch führe man aus dem Schloss drei gleichverteilte Röhren in diese Kasten, welche dergestalt untereinander in Verbindung stehen, dass aus den beiden äußersten das überflüssige Wasser in den mittleren tritt. In dem mittleren Kasten bringe man die Ableitungsröhren nach allen Bassins (Lacus) und Springbrunnen an; von dem einen der Seitenkasten lasse man die nach den Bädern laufenden Röhren abgehen, woraus

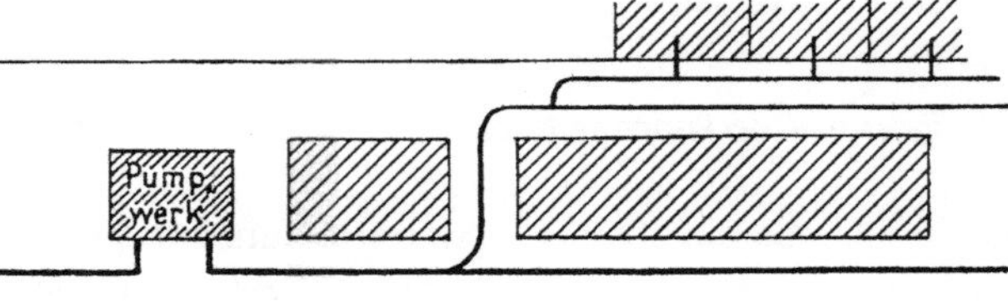

Abb. 51. Schema der modernen Wasserverteilungsweise.

dem Volke eine jährliche Einnahme erwächst, in dem anderen Seitenkasten aber lasse man die nach den Privathäusern laufenden Röhren abzweigen. Auf solche Weise kann es dem Gemeinwesen niemals an Wasser fehlen, da niemand es ihm zu entziehen vermag, weil dessen Ableitungsröhren von Anfang an aus ihrem eigenen Kasten ausgehen. Eine solche besondere Abteilung der Rohrkasten rate ich auch noch aus dem Grund an, damit diejenigen, welche nach ihren Häusern zum Privatgebrauch Ableitungsrohren

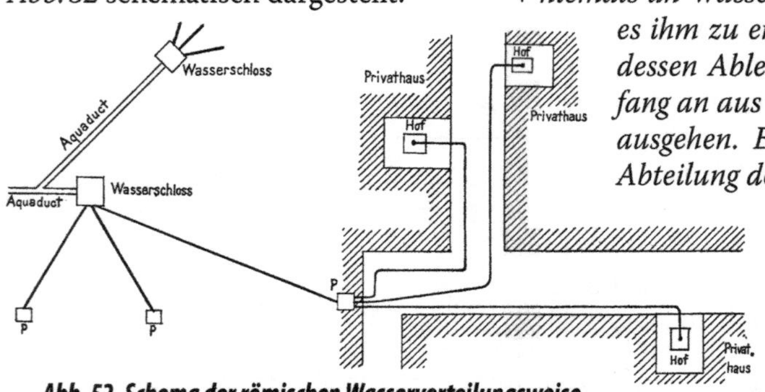

Abb. 52. Schema der römischen Wasserverteilungsweise.

Abb. 53. Wasserschloss der Julia.

führen, durch eine den Staatspächtern dafür zu entrichtende Abgabe zur Unterhaltung der Wasserleitung mit beitragen mögen.«

Das Wasserschloss bestand nach Vorstehendem aus einem Reservoir, aus dem das Wasser in drei verschiedene Abteilungen floss. Nach dem mittleren Bassin, das also besonders die öffentlichen Springbrunnen speiste, floss der Überschuss der beiden anderen Behälter ab. Aus den beiden anderen Behältern wurden die Bäder und die Privaten versorgt.

Früher glaubte man nach den erhaltenen Überresten annehmen zu können, dass besonders die Wasserschlösser der Julia und Claudia sehr imposant gewesen sein müssen. Piranesi gibt eine Reihe von Zeichnungen des so genannten Wasserkastells der Julia, die in den *Abb. 53–56* wiedergegeben sind. Vorgenommene Nivellierungen hatten dargetan, dass die hierbei in Betracht kommende Zweigleitung, wie die für das Wasserschloss gehaltene Ruine mit der Aqua Julia sich in gleicher Höhe befan-

den und man glaubte daher annehmen zu können, dass diese Teile im Zusammenhang gestanden hatten. Lenormand hat dagegen dargetan, dass die mit diesen Ruinen in Verbindung gewesene Wasserleitung ein Teil des von Alexander Severus angelegten Aquädukts war, der im Jahr 225 n. Chr. erbaut wurde.

Die Überreste bestehen aus einem Unterbau, der eine größere Anzahl Mündungen aufweist, aus denen das Wasser in ein Bassin strömte.

Außer diesen öffentlichen Wasserschlössern gab es private, deren Anzahl zur Zeit des Frontinus 247 betrug. Die Bewohner eines Stadtteils empfingen in der Regel das für sie bestimmte Wasser aus einem Privatwasserbehälter (mit P in *Abb. 52* bezeichnet), der von einem der öffentlichen Wasserschlösser gespeist wurde, wobei zu bemerken ist, dass von einem Aquädukt aus mehrere Wasserkastelle versorgt wurden. An einem derselben endigte gewöhnlich das Aquädukt, während die Speisung der anderen Behälter durch Abzweigungen erfolgte *(s. Abb. 52)*. Von diesen Privat-

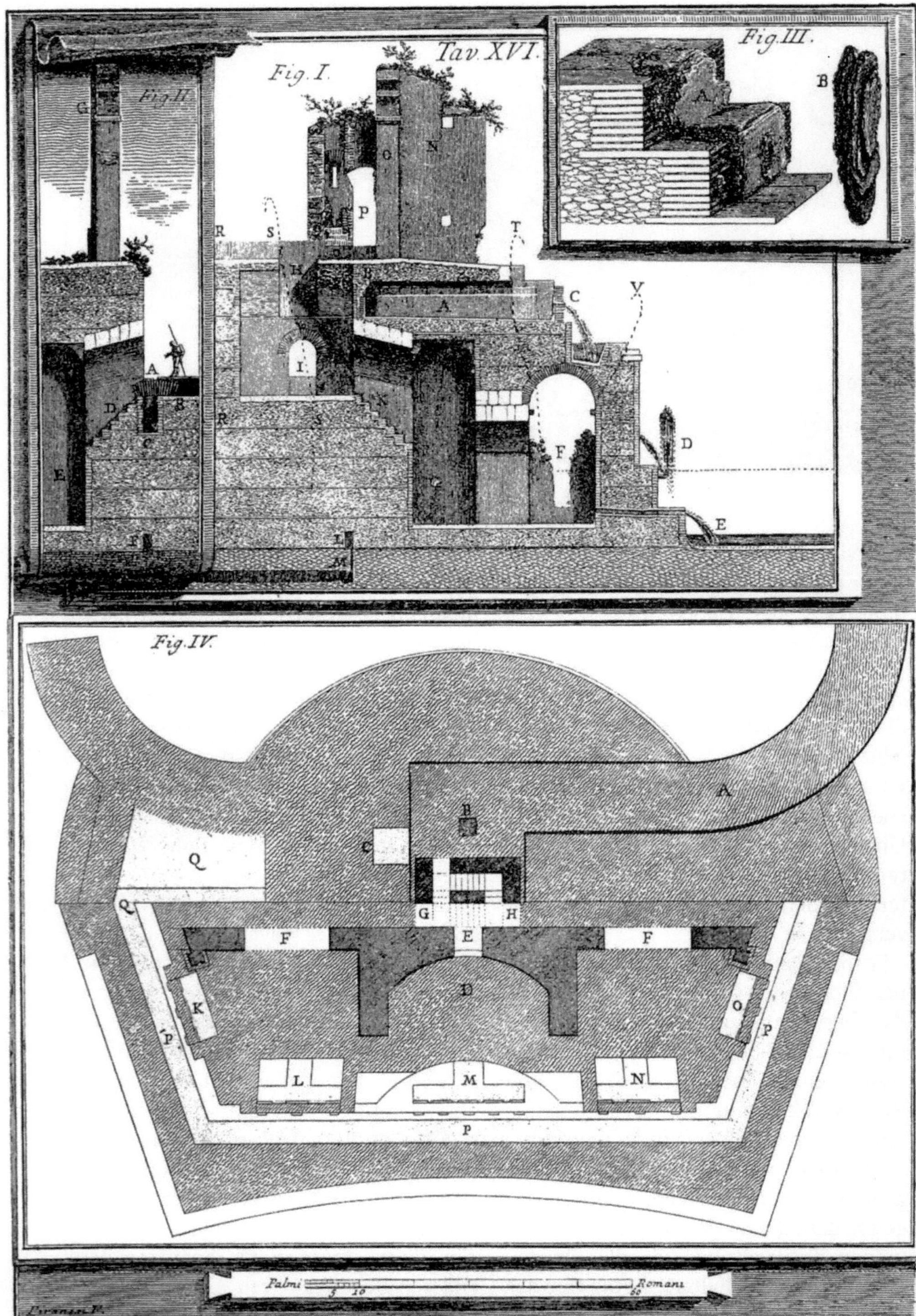

Abb. 54. Wasserschloss der Julia.

schlössern gingen die Privatleitungen ab. Eine solche Verteilungsweise besteht noch heute in vielen italienischen Städten, so besonders in Rom, und war auch in Paris bis zum Beginn dieses Jahrhunderts noch üblich. Die Abzweigungsleitungen der Privaten erhielten bei diesem System im Gegensatz zu heute eine große Länge und war daher die Wasserzuführung bedeutend kostspieliger. Das Wasser floss beständig Tag und Nacht und daher gingen die größten Mengen unbenutzt verloren. Trotz der ungeheuren Wassermengen war es bei diesem System nicht möglich, allen Anforderungen seitens der Privaten stets Rechnung zu tragen.

Die Verteilungsleitungen bestanden aus Blei oder aus Ton und waren deren Durchmesser im Allgemeinen ziemlich klein. Vitruv gibt den Tonröhren den Vorzug, indem er sagt: *»Die Vorteile tönerner Rohre bestehen darin, dass erstlich jedermann das, was daran schadhaft wird, ausbessern kann; und dann, dass auch das Wasser daraus weit gesünder ist, als das aus bleiernen Röhren. Blei kann unmöglich gesund sein, weil es das Bleiweiß erzeugt, welches dem menschlichen Körper schädlich sein soll. Denn da das, was aus demselben erzeugt wird, schädlich ist, so ist wohl kein Zweifel, dass es nicht auch selbst gesund sei. Zum Beweis können nur die Bleigießer dienen, welche über den ganzen Körper bleich aussehen, nur weil der Dampf, welchen das Blei, wenn man es schmilzt, von sich gibt, sich auf die Glieder des Körpers wirft, und darin, vermöge seiner täglich zunehmenden Wirkung, alle Kraft des Geblüts verzehrt. Meiner Ansicht nach darf also ein Wasser, das gesund sein soll, nicht in bleiernen Röhren geleitet werden. Dass aber aus tönernen Röhren das Wasser auch besser schmeckt, zeigt*

Abb. 55. Wasserschloss der Julia.

der tägliche Gebrauch an, da jedermann, wenn er gleich noch so sehr mit Silbergeräten besetzte Prachttische hat, dennoch um des reinen Geschmacks willen, bloß irdener Trinkgeschirre sich bedient.«

In Wirklichkeit wurde diese Anschauung von den Römern nicht geteilt, da in Rom Bleirohre allgemein in Anwendung waren, und Frontinus nur von fistulae spricht. Neben Ton- und Bleiröhren fanden auch steinerne Röhren Verwendung, wenigstens hat man eine sehr alte und in bedeutender Tiefe verlegte Leitung aufgefunden, die aus durchbohrten viereckigen Tuffblöcken hergestellt war, die Verbindung wurde hierbei durch etwa 6 cm vorspringende Muffen, denen Ver-

Abb. 56. Wasserschloss der Julia.

tiefungen am anderen Rohrende entsprachen, bewirkt. Der Durchmesser betrug 32 cm. Diese Leitung zeigt somit die gleiche Konstruktion, wie solche die griechischen Steinrohrleitungen aufweisen.

Als ein besonderer Nachteil der römischen Bleileitungen ist ihre ovale, in der *Fig. VII der Abb. 58* veranschaulichte Form zu nennen, da bekanntlich die Kreisform die den auftretenden Druckverhältnissen entsprechende ist. Die Bleirohre wurden aus Tafeln hergestellt, wobei der Zusammenschluss in

verschiedener Weise erfolgte. *Abb. 57* zeigt ein Rohrstück der Lyoner Leitung vom Mont Pilat. Die obere Rinne war mit Mastix gefüllt. Diese Verbindungsart konnte dem inneren Druck nicht Widerstand leisten, weshalb die erwähnte Leitung an

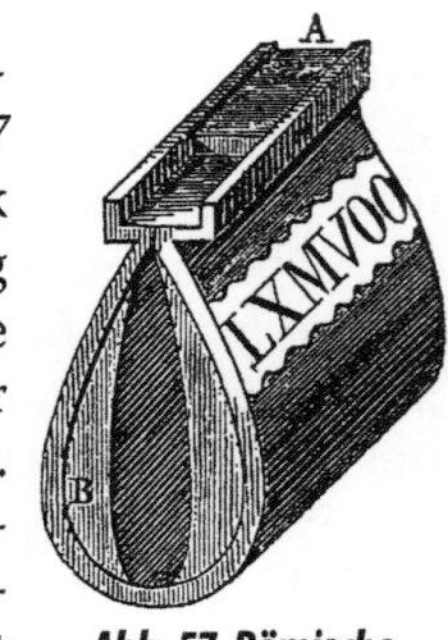

Abb. 57. Römische Bleileitung des Siphons des Mont Pilat.

den Heberstellen ummauert war. Der Teil *B* bezeichnet den Niederschlag innerhalb dieses Rohres.

Die Römer verstanden, wie zahlreiche Funde dargetan haben, sehr gut das Löten. Sie benutzten hierzu jedoch nicht Zinn, sondern mit Vorliebe verwandten sie Blei, wenigstens zeigen aufgefundene Rohre in Rom, Pompeji und Paris dieses Lötmaterial. Auf die Verwendung desselben führt Belgrand die Form der römischen Bleirohre zurück. Rohrstücke von römischer Form, die der Genannte mit Blei löten ließ, begannen bei einem Druck von drei Atmosphären einen kreisförmigen Querschnitt anzunehmen, bei 8 Atm waren sie vollständig rund, bei 18 Atm sprang das 7 mm starke Rohr, jedoch nicht an der Lötstelle, so dass also die Naht einen höheren Druck auszuhalten vermochte.

Die Stoßstellen der Rohre in der Längsrichtung wurden mittelst Ineinanderschieben oder durch Umlegen von Muffen gedichtet. Die Länge der einzelnen Rohrstücke betrug gewöhnlich 2,97 m. Die *Fig. II – VII der Abb. 58* zeigen verschiedene Einzelheiten römischer Bleileitungen.

Der Leitungsanschluss Privater zwecks Versorgung mit Wasser war in folgender Weise geregelt: Zur Zeit der

Republik wurde nur den bevorzugten Personen gestattet, Wasser aus den öffentlichen Leitungen nach ihren Häusern zu leiten. Im Übrigen war für die Privaten nur der Überfluss aus den Bassins bestimmt, wie das abfließende Wasser auch für Bäder und Walkeranstalten, mithin für Anlagen, die einen gemeinnützlichen Charakter besaßen, Verwendung fand.

Unter dem Kaiserreich änderten sich die Verhältnisse in dieser Beziehung in sehr günstiger Weise, indem fortan jedermann dieses Privilegium erhalten konnte. Die Zuleitung von Wasser in die Privathäuser konnte ausschließlich durch den Kaiser bewilligt werden. Diese Bewilligung war ein Beneficium und häufig die Belohnung für geleistete Dienste. Die kleineren Leute benutzten in der Regel das Wasser der öffentlichen Brunnen. Der Anschluss sollte vorgeschriebener maßen nur an den, für den Privatgebrauch bestimmten Unterwasserschlössern erfolgen. Die in den tiefer gelegenen Quartieren vorhandenen Wasserschlösser wurden durch Abzweigungen der Aquädukte Appia und Virgo versorgt, während die mittelhohen Aquädukte Marcia, Tepula und Julia sich über 12 Stadtteile verbreiteten, und die Lei-

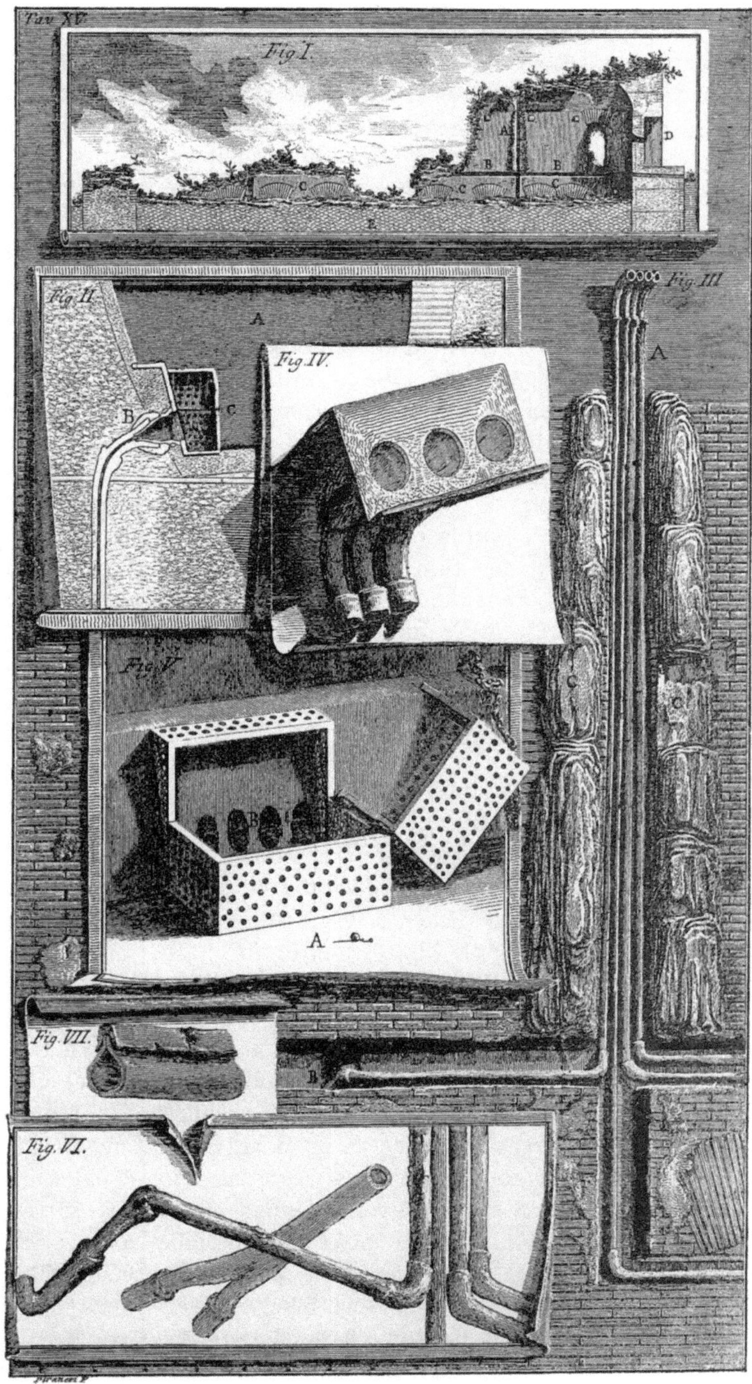

Abb. 58. Einzelheiten römischer Bleileitungen und Überreste des Wasserschlosses der Julia.

tungen Claudia und Anio Novus den sämtlichen hochgelegenen Partien Roms Wasser zuführten. Aus der angeführten Versorgungsweise erklärt es sich, dass die Wasserverteilung sehr kompliziert werden musste, und dass manche Quartiere von Aquädukten durchschnitten wurden, ohne einen Tropfen Wasser aus denselben zu erhalten.

Derjenige, welcher einen Wasseranschluss zu erhalten wünschte, hatte ein entsprechendes Gesuch an den Kaiser zu richten, der es günstigen Falls, dem Kurator zur Erledigung übergab. Letzterem unterstand das gesamte Wasserversorgungswesen. Die Konzession für Private wurde nur für ein bestimmtes Wasserquantum erteilt und hatte für die Lebenszeit der betreffenden Person Gültigkeit. Wurde eine derartige Konzession durch den Tod des Inhabers vakant, so wurde solches öffentlich bekanntgemacht.

Nerva gewährte eine dreißigtägige Frist bis zum Wasserabschluss, damit ein Besitztum nicht plötzlich des Wasseranschlusses beraubt wurde, und um dem Interessenten Zeit zu geben, die erforderlichen Schritte tun zu können. War die Konzession für ein in gemeinschaftlichem Besitz befindliches Grundstück erteilt, so blieb der letzte Überlebende im Besitze des gesamten zugestandenen Wasserquantums.

Die Vorschriften über den Anschluss von Privatleitungen an die öffentlichen Versorgungsstellen besagten, dass ein solcher Anschluss nur an einer, vorher von der Behörde genehmigten Stelle und nur mit einem behördlicherseits gestempelten Rohrstück beschafft werden durfte. Diese kreisrunden Passstücke waren entweder aus Bronze oder Blei. Sie mussten mindestens 30 cm lang sein und einen bestimmten Durchmesser besitzen. Die Anzahl der zur Verwendung gekommenen Durchmesser belief sich für gewöhnliche Zwecke auf 15, ihre Gesamtzahl betrug 25. Die Anschlussleitungen mussten auf mindestens 50 Fuß Länge genau denselben Durchmesser wie das Passstück, welches die Bezeichnung Calix trug, besitzen. Die letztere Vorschrift war aus der Erkenntnis hervorgegangen, dass durch eine Erweiterung des Rohres hinter dem Calix die zur Abführung kommende Wassermenge erheblich vergrößert werden konnte. Die Einheit, nach welcher das abgegebene Wasser gemessen wurde, war der Quinarius, d. h. ein Wasserquantum, das durch ein vertikales Rohr von 3 cm Durchmesser und 30 cm Länge, über dessen Eintrittsmündung das Wasser 33 cm hoch stand, floss. Das hierbei in 24 Stunden zum Abfluss gekommene Wasserquantum betrug rund 420 l. Nach Frontin ist die Einführung dieser Messweise auf Vitruv zurückzuführen.

Da die von dem Privatwasserschloss bis zu den einzelnen Häusern führenden Leitungen eine sehr verschiedene Länge besaßen, so ergaben die gleichen Passstücke eine sehr verschieden große Wassermenge.

Die römischen Ingenieure suchten durch eine große Vergeudung des Wassers, indem sie den Benutzern viel mehr Wasser zukommen ließen, als diese überhaupt beanspruchen konnten, die Ungleichheiten ihres unvollkommenen Wasserverteilungssystems auszugleichen. Die römische Art der Wasserentnahme hatte außerdem den Nachteil, dass sie die Veranlassung zu einer Reihe von Betrügereien gab. Die unrechtmäßige Wasserentnahme wurde in der Weise bewirkt, dass größere Anschlussstücke als bewilligt waren, oder überhaupt ungestempelte Stücke benutzt wurden. Seitens der unteren Beamten wurden Betrügereien dadurch begangen, dass bei dem Übertragen eines Wasserrechts von dem bisherigen Eigentümer an einen anderen, ein neues Anschlussstück an dem Wasserbehälter angebracht und durch das vorhandene nach wie vor Wasser abgeleitet wurde. Frontinus beklagte nicht nur diese Betrügerei, sondern auch den Umstand, dass hierdurch der gute Zustand eines Behälters verschlechtert werden musste.

Es ist verschiedentlich von Ingenieuren (genannt seien **Rondelet, Belgrand, Leger, Beck, Herschel**) versucht worden, die Rom täglich zugeführten Wassermengen zu bestimmen. Es ist erklärlich, dass diese Angaben in ihrer Höhe außerordentlich von einander abweichen. **Rondelet** hat diese Menge zu 1 488 300 m³ berechnet, **Belgrand** hält 950 000 m³ noch für zu hoch. Neuerdings hat **Herschel** dieselben zu 622 000 m³ angegeben, wovon 440 000 m³ innerhalb und 182 000 m³ außerhalb der Stadt verwandt worden seien. **Herschel** glaubt, dass infolge der häufig notwendig gewordenen Reparaturen an den Aquädukten, sowie infolge der vielen ungesetzlichen Ableitungen des Wassers auf dem Weg von den Gewinnungsstellen nach Rom das Durchschnittsmaß zu 227 000 m³ angenommen werden muss, was für den Kopf der Bevölkerung rund 230 l ergeben haben würde, ein Quantum, das noch immer außerordentlich hoch erscheint, wenn man bedenkt, dass dem größeren Teil der Bevölkerung das Wasser nicht in die Häuser geleitet war, sondern von den Bewohnern von den öffentlichen Entnahmestellen nach Hause getragen werden musste. Denjenigen Einwohnern, welche Wasseranschluss

besaßen, wurde das Wasser mittelst der aus Blei- oder Tonröhren hergestellten Privatleitung bis in den inneren Hof (Cavaedium) geliefert. Das Wasser ergoss sich hier ununterbrochen Tag und Nacht durch einen Brunnen oder eine Fontäne in das Impluvium, d. h. in ein in der Hofmitte befindliches Bassin. Diese Anordnungsweise zeigen insbesondere die reicheren Häuser Pompejis. In Rom war eine derartige verschwenderische Versorgungsweise im Hinblick auf die Unzuverlässigkeit der Wasserzuführung geboten, und war durch den tiefliegenden Ausflusspunkt die größte Sicherheit für einen beständigen Wasserzufluss gegeben. Eingeschaltet möge an dieser Stelle werden, dass das Wasser vielfach nach Stunden abgegeben wurde, und dass die Uhren so verbreitet waren, dass selbst in abgelegenen Gegenden Afrikas eine stundenweise Abgabe des Wassers vorgekommen ist.

Die **Verwaltung** der Wasserversorgungsanlagen Roms war ursprünglich sehr einfacher Art. Das gesamte Wasser ergoss sich in die Wasserkammern und in die Fontänen. Den Privaten stand wie erwähnt, lediglich der Überfluss aus den Bassins zur Verfügung. Später erlaubte man, dass die Privaten das aus den Undichtigkeiten der Aquädukte entströmende Wasser benutzen durften, was nach Frontin mit vielen Übelständen verbunden war. Die Verwaltung lag in jener früheren Zeit bald den Aedilen, bald den Censoren ob. Die Unterhaltung war gewöhnlich verpachtet und die öffentlichen Pächter mussten für diese Arbeiten immer eine bestimmte Anzahl Sklaven bereithalten. Die Namen dieser Handwerker waren nach den ihnen zugewiesenen Quartieren und nach der Art der Arbeit gesondert auf öffentlichen Tafeln verzeichnet. Die mit der Verwaltung betrauten Aedilen oder Censoren kümmerten sich um die geringsten Einzelheiten des Betriebes. Durch strenge Strafandrohungen suchten sie Beschädigungen und einer missbräuchlichen Benutzung vorzubeugen. Die unrechtmäßig bewässerten Felder wurden konfisziert und die Pächter, die Betrügereien begünstigt hatten, mit schweren Geldstrafen belegt. In der im Jahr 39 v. Chr. erlassenen Lex Quinctia wurde für jede Verunreinigung eines Aquäduktes eine Strafe von 10 000 Sesterzen angedroht. In Wirklichkeit nützten diese scharfen Bestimmungen wenig, und fast öffentlich kamen die gröbsten Missbräuche vor. Agrippa führte eine sehr gute Regelung der Verwaltung ein. Nachdem derselbe im Jahr 34 v. Chr. die Aquädukte, die in jener Zeit nur außerordentlich schlecht funktionierten und Rom nur geringe Wassermassen zuführten, wieder leistungsfähig gestaltet hatte, blieb er gleichsam auf Lebenszeit Verwalter dieser Werke. Agrippa unterhielt die Anlagen und organisierte eine Sklavenbande, die mit der beständigen Überwachung betraut wurde. Augustus überließ diese Familien, welche er von Agrippa geerbt hatte, dem Staat als Eigentum. Neben dieser dem Staat gehörenden Bande, die 240 Mann stark war, bildete Claudius um das Jahr 40 n. Chr. eine zweite Bande, die 460 Mitglieder zählte, Eigentum des Kaisers blieb und den Namen Familia Caesaris trug. Dieser Teil der Organisation erhielt sich bis zu Frontins Zeiten. Unter den Mitgliedern dieser beiden Sklavenbanden waren die verschiedenen Handwerke vertreten. Man unterschied dieselben nach ihren Obliegenheiten in Aufseher oder Verwalter (Villici), Bassinwächter (Castellarii), Kontrolleure (Circitores), Pflasterer (Silicarii), Tüncher (Tectores)

und Handlanger (Opifices). Nach dem Tod Agrippas reorganisierte Augustus die Verwaltung abermals und schuf die Stelle eines Kurators, dem die gesamten Wasserversorgungsanlagen Roms unterstellt wurden. Diese Stellung galt für eine außerordentlich hohe und ehrenreiche, und wurden die Inhaber dieser Würde stets aus dem Kreis der angesehensten und bewährtesten Männer gewählt.

Der Kurator der Wasserleitungen war, wenn er seine Funktionen versah, von einem zahlreichen Gefolge begleitet, in dem sich Architekten, Schreiber. Buchführer, ein Ausrufer und drei Staatssklaven befanden. Außerhalb der Stadt traten zwei Liktoren hinzu. Dem Kurator wurden alle auf die Wasserleitungen bezüglichen Vergehen zur Kenntnis gebracht, er hatte alle Kontraventen abzuurteilen, die in eine Strafe von 10 000 Sesterzen verurteilt wurden. Die eine Hälfte dieser Strafgelder fiel dem Angeber, die andere dem Staat zu. Trotz aller Gesetze und Vorschriften machte sich nach und nach in der Verwaltung eine große Nachlässigkeit geltend, und das Wasser wurde in der skandalösesten Weise missbräuchlich benutzt. Wie Belgrand zutreffend bemerkt, trug zu diesen unleidlichen Zuständen nicht am wenigsten der Umstand bei, dass die Verwaltung im Laufe der Zeit immer mehr ihren städtischen Charakter verloren hatte. Kaiser und Senat lag die Erledigung der unbedeutendsten städtischen Vorkommnisse ob, und da dieselben gleichzeitig die Angelegenheiten fast der ganzen Erde wahrzunehmen hatten, so war es erklärlich, dass sie sich wenig um die Verwaltung der Wasserversorgung kümmern konnten. Das Wasser der Marcia und Julia erreichte überhaupt nicht mehr den Verteilungsort. Die alten Wasserschlösser ließ Nero für die Verteilung der Claudia und der Anio Novus benutzen, und wie Plinius berichtet, wurde nicht nur die Marcia sondern auch die Virgo abgeleitet. Er schreibt: »*Schon seit langer Zeit ist die Stadt des Genusses der einen und der anderen dieser Leitungen beraubt, deren Wasser aus Geiz oder aus Begehrlichkeit von dem Eigentümer in ihre Badehäuser abgeleitet werden, zum Nachteil der öffentlichen Gesundheitspflege.*«

Während, wie oben erwähnt, zur Zeit der Republik dem Privatgebrauch nur der Überfluss aus den Bassins zugängig gemacht worden war, wurde im Laufe der Zeit diese Erlaubnis auch auf das den Rissen und sonstigen undichten Stellen der Aquädukte entströmende Wasser ausgedehnt. Diese Maßregel hatte die schlimmsten Folgen, da nunmehr das Bestreben auf eine ständige Vergrößerung dieser Wassermengen durch Vermehrung oder Erweiterung der Ausflussstellen gerichtet war. Wenn es überhaupt schon schwierig ist, Anlagen wie die römischen Aquädukte, auf die Dauer, selbst bei guter Verwaltung dicht zu halten, so musste die erwähnte Erlaubnis zum allmählichen Ruin der Werke führen. Auf diese eigenartigen Verhältnisse sind die zahlreichen Zerstörungen, welchen die römischen Aquädukte trotz ihrer so soliden Herstellungsweise ausgesetzt waren, und die vielfachen Restaurationsarbeiten zurückzuführen, von welchen die überkommenen Inschriften berichten.

Eine neue Ära für die römischen Aquädukte begann mit der Tätigkeit des Frontinus.

Bei der Bedeutung, welche Julius Frontinus für die römischen Wasserversorgungsanlagen gehabt hat, ist es geboten, auf die Tätigkeit dieses Mannes, der seinen Namen unsterblich gemacht hat, näher einzugehen.

Frontinus Geburtsjahr steht nicht fest, man nimmt an, dass er etwa im Jahr 40 n. Chr. geboren ist; als Todesjahr wird das Jahr 103 n. Chr. angegeben. Frontinus war unter der Regierung der Kaiser Vespasian, Titus, Domitian, Nerva und Trajan tätig. Als Vespasian im Jahr 69 n. Ch. eine allgemeine Landesvermessung anordnete, die in der Zeit von 69–79 zur Ausführung kam, beteiligte sich auch Frontinus an dieser Beschäftigung, wie seine Abhandlung in dem Sammelwerk der römischen Agrimensoren erkennen lässt. Im Jahr 70 war er Prätor Urbanus. Von 75–78 befand er sich in Britannien, woselbst er ein Armee-Korps befehligte und die Bewohner der jetzt Wales genannten Landschaft unterwarf. In Monmouthshire trägt noch heute eine Landstraße, die von ihm erbaut wurde, seinen Namen.

Aus gewissen Stellen des von ihm verfassten Werkes über Strategie hat man schließen wollen, dass Frontinus auch in Deutschland gefochten hat. Gegen Ende des Jahres 96 wurde er Curator Aquarum, d.h. kaiserlicher Verwalter der Wasserwerksanlage der Weltstadt Rom. Im Jahr 97 wurde Frontinus Consul Suffectus und im Jahr 100 unter Trajan Konsul. Um sich über die Pflichten seines Amtes genau zu unterrichten und um gleichzeitig seinem Nachfolger ein Eindringen in die Obliegenheiten zu erleichtern, verfasste Frontinus eine eingehende Abhandlung über die römischen Wasserwerksanlagen, von welchen gleichzeitig auf seine Veranlassung genaue Aufmessungen und Pläne angefertigt wurden. Er ließ, um über den Wasserverbrauch eine zutreffende Übersicht zu erhalten, genaue Ermittlungen über den öffentlichen und privaten Konsum, über die Anzahl der Wasserbehälter, über den Verbrauch der Bäder und der Springbrunnen anstellen. Er ging mit großer Strenge gegen jede Wasservergeudung und gegen jede ungesetzmäßige Benutzung vor. Diese Ermittlungen ergaben, dass der wirkliche Wasserverbrauch um 10 % größer war, als die gesamte zugestandene Wassermenge. Frontinus ließ daher die Aquädukte einer peinlichen Überwachung und Untersuchung unterziehen.

Die durch eine strenge Handhabung der Gesetzesvorschriften gewonnenen Wassermengen fanden für neue Springbrunnen und neue Konsumenten Verwendung. Um seinen Pflichten gerecht zu werden, erachtete Frontinus eine oftmalige genaue Inspizierung der Wasserwerksanlagen für unerlässlich, damit rechtzeitig die erforderlichen Unterhaltungsarbeiten und die notwendigen Abänderungen angeordnet werden konnten. Dem Curator Aquarum lag es nach Frontinus Ansichten ob, sich durch den Augenschein über die Verhältnisse zu unterrichten, damit er stets in der Lage war zu beurteilen, welche Arbeiten durch öffentliche Vergebung, welche im Tagelohn zur Ausführung zu bringen seien.

Die von Frontinus angestellten Messungen der Rom zugeführten Wassermengen hatten den Zweck, ihm ein Bild über die Verbrauchsverhältnisse zu geben. Sie wurden ausgeführt unter Zugrundelegung der damaligen Kenntnisse auf dem Gebiet der Hydraulik, und da diese sehr wenig zutreffend waren, so kann es nicht Wunder nehmen, dass die erzielten Ergebnisse wenig der Wirklichkeit entsprachen. Geschwindigkeitsmessungen kannte man nicht und man machte keinerlei Unterschied in Bezug auf die Wasserfortführung in offenen Rinnen und in Druckrohren, man war sich nicht bewusst, dass ein Rohr von $1\,\mathrm{m}^2$ Querschnittfläche eine größere Wassermenge zu liefern vermag als etwa 100 kleinere Rohre von dem gleichen Gesamtquerschnitt. Auch über den Einfluss der Druckhöhe auf die Quantität des ausflie0enden Wassers hatten die Alten keine ganz zutreffende Vorstellung. Frontinus Ansichten über diesen Punkt lauten: *»Jedes Wasser, das von einem höheren Ort kommt und nach kurzem Lauf in das Wasserkastell fällt, entspricht nicht nur seinem Gemäß, sondern liefert noch Überfluss, so oft das Wasser aber aus einem niedrigen Ort, also mit geringerem Gefälle einen weiteren Weg geleitet wird, büßt es durch die Trägheit der Leitung an Maß ein.«*

Im Vorhergehenden ist bereits von dem Calix die Rede gewesen, jenem bronzenen, geeichten Rohrstutzen von vorgeschriebener Weite und Länge, an welchen die Privatleitungen angeschlossen werden mussten. Frontinus äußert über die Anbringung dieser Stutzen in Bezug auf ihre Höhenlage zueinander Folgendes: *»Bei der Anbringung der Kelche ist zu beobachten, dass sie nach der Linie geordnet werden, und nicht der Kelch des einen mehr unten, der des anderen mehr oben angeordnet werde, denn der niedrigere verschlingt mehr, der höhere saugt weniger, weil der Lauf des Wassers von dem niederen angezogen wird.«*

Frontinus gab genaue Instruktionen über die Arbeit eines jeden einzelnen der Arbeiter und traf Anordnungen, dass die Tätigkeit dieser Leute genau überwacht wurde. Die erforderlichen Ausbesserungen an den Aquädukten sollten im Frühjahr oder im Herbst zur Ausführung kommen, d. h. zu einer Jahreszeit, in welcher der Wasserbedarf nicht so groß war. Derartige Arbeiten sollten stets mit der größten Eile geschehen, zu diesem Zweck verlangte Frontinus, dass vor ihrem Beginn alle notwendigen Vorarbeiten mit Sorgfalt getroffen wurden. Sowohl bei großer Hitze als bei Kälte sollten Mauerarbeiten überhaupt nicht beschafft werden, da diese Temperaturen die Herstellung eines guten Mauerwerks, wie es namentlich für Wasserleitungsbauten unbedingt nötig ist, nicht gestatten. Um eine auf Bogen liegende Wasserleitungsstrecke ausbessern zu können, ohne die Leitung auf längere Zeit aus dem Betrieb nehmen zu müssen, schlug Frontinus vor, mit Blei ausgeschlagene Rinnen herzustellen, unter welchen die Pfeiler und Bogen gebaut werden konnten.

Die außerordentliche Umsicht, welche Frontinus bei der Verwaltung der ihm anvertrauten Anlagen bekundete und die große auf deren gute Unterhaltung gerichtete Sorgfalt waren vom besten Erfolg gekrönt, so dass die Zeit der Wirksamkeit dieses Mannes als eine Glanzperiode in der Geschichte der Aquädukte Roms bezeichnet werden kann.

Über das Schicksal der Aquädukte in späterer Zeit ist anzuführen, dass gegen das Jahr 212 n. Chr. Caracalla umfangreiche Ausbesserungsarbeiten an der Marcia ausführen ließ. Von weiteren derartigen Unterhaltungsarbeiten verlautet alsdann bis zu den Zeiten Theodosius des Großen nichts mehr, und es muss, da selbst in der Zeit der ersten Kaiser, ungeachtet des Reichtums und der Macht der damaligen Herrscher, die Aquädukte in einem hohen Maß vernachlässigt wurden, angenommen werden, dass diese so viel bewunderten Schöpfungen sich in einem sehr schlechten Zustand befunden haben. Fest steht mit Sicherheit, dass unter Arcadius und Honorius das Wasser der Claudia noch nach Rom gelangte. Der Text zweier von diesen Kaisern in den Jahren 399 und 402 n. Chr. erlassener Gesetze, welche sich auf die Erhaltung der genannten Leitung und ihres Zuflusses beziehen, ist uns überliefert. Ebenso ist die Existenz der Hadriana durch einen erhaltenen Brief nachgewiesen. Aus der Zeit der Invasion der Germanen in Italien ist keinerlei Kunde über die Aquädukte vorhanden. Als Theodorich sich Roms bemächtigte, ließ er auf seine Kosten die Leitungen ausbessern. Über diese neue kurze Glanzperiode in der Geschichte der römischen Aquädukte berichtet Procopius, der die Anzahl der damaligen Wasserleitungen, wie schon früher angeführt, zu 14 angibt.

In dem Kampf zwischen dem Gotenkönig Vitiges und Belisar wurden die Leitungen abgeschnitten und somit zerstört. Belisar stellte in der Folgezeit zwar die Trajana und wahrscheinlich auch die Claudia wieder her, der gänzliche Verfall der Aquädukte wurde hierdurch jedoch nur für eine kurze Spanne Zeit aufgehalten. Die letzte in Funktion befindliche Wasserleitung, die Trajana, versiegte im Jahr 549 n. Chr. Die Unterbrechung dauerte bis zum Jahr 776, in welchem Zeitpunkte die Wiederherstellung der Aquädukte durch die Päpste begann, auf welche Arbeiten an dieser Stelle jedoch nicht eingegangen werden kann.

Wenn auch zweifellos die Aquädukte Roms das imposanteste Bild der Tätigkeit der römischen Ingenieure auf dem Gebiete der Wasserversorgung gewähren, so müssen nichtsdestoweniger, will man ein Gesamtbild dieses so sehr von den Römern kultivierten Zweiges der Ingenieurtechnik gewinnen, auch die außerhalb Roms und Italiens geschaffenen Werke einer Betrachtung unterzogen werden. Die Anzahl der außerhalb ihrer Hauptstadt durch die Römer zur Ausführung gekommenen Wasserversorgungsanlagen ist eine so bedeutende, dass nur ein kleiner Bruchteil derselben eingehendere Erwähnung finden kann. Namentlich unter dem Kaiserreich wurde auf diesem Gebiete eine umfangreiche Tätigkeit in allen Teilen des Weltreiches entfaltet.

Von den zur Zeit der Republik erbauten Wasserleitungen seien diejenigen in den Städten Pisanus, Fondi und Pollentia genannt, welche in den Jahren 173 v. Chr. durch den Censor Fulvius Flaccus vergeben wurden. Von den sonstigen Wasserversorgungsanlagen in Italien verdienen die Wasserleitungsanlagen von Neapel und Alatri besondere Erwähnung.

Das antike Neapel wurde durch zwei bedeutende Aquädukte gespeist, und zwar durch die ältere samnitische und in späterer Zeit durch die Claudische Wasserleitung. Durch die letztere, unter Augustus, Claudius oder Nero geschaffene Anlage wurden gleichzeitig einige Städte der Campania Felix mit dem Wasser der etwa 90 km von Neapel entfernten Quelle des Serino gespeist. Die Leitung folgte auf hohen Mauerkonstruktionen dem Lauf des Saboto und brachte das Wasser nach Pompeji, Nola und Neapolis. Auch die berühmten Villenanlagen auf dem Posilipo, sowie die berüchtigten Badeorte Bajä und Cumä, sowie endlich das im Meer liegende Nisida und das Cap Misenum wurden durch diese Anlagen versorgt. Für die Wasseraufspeicherung der hier eine Zeit lang stationiert gewesenen römischen Flotte war die großartige Piscina Mirabilis bestimmt.

Eine der antiken Wasserleitungen Neapels ist erst am Anfange der 1880er Jahre bekanntgeworden, und zwar bei Gelegenheit der Herstellung eines neuen Tunnels in der Nähe des unter dem Namen ›Grotte des Posilipo‹ bekannten und bereits früher beschriebenen antiken Bauwerks. Der aufgefundene Felskanal ist von solchen Dimensionen (Abb. 59), dass ein Erwachsener bequem darin gehen kann. Die Höhe beträgt 1,5 – 2 m, im oberen Teil ist

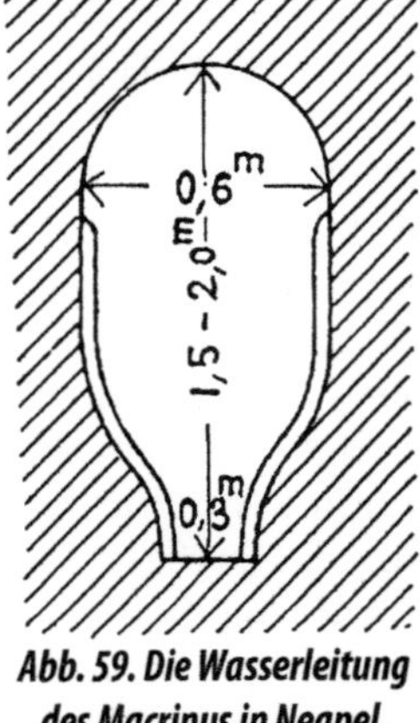

Abb. 59. Die Wasserleitung des Macrinus in Neapel.

die Breite 50 – 60 cm, im unteren 30 cm. Die Decke ist halbkreisförmig. Während die Letztere meistens keine Bekleidung besitzt, ist der übrige Teil bis Kämpferhöhe mit einem 15 mm starken, harten und marmorartigen glänzenden Stuck überzogen. Auf diesem Stuck finden sich bis zur halben Höhe Kalkablagerungen. Die Herstellung dieses Kanals ist in der Weise erfolgt, dass in bestimmten Abständen runde Schächte von 90 cm Durchmesser angelegt wurden, durch welche das Ausbruchmaterial herausgeschafft wurde, gleichzeitig dürften sie wohl auch zur Reinigung der Leitung benutzt worden sein. Die Kanaltrasse zeigt zahlreiche Knicke und meistens eine gekrümmte Linienführung. Die Leitung teilte sich in drei Zweigkanäle. Nach den in den Stuck eingeritzten Inschriften ist ein gewisser Macrinus im Auftrage des Diadumeno mit der Ausführung dieser Anlage beschäftigt gewesen, und wurde das Werk im Jahr 65 n. Chr. hergestellt.

Alatri gehört zu den wenigen bis jetzt bekannten Beispielen der Anwendung des Heberprinzips durch die Römer. Außerhalb Italiens sind in dieser Beziehung zu nennen: Lyon, Pergamum, Aspendus und Arelatum. Die Wasserleitung von Alatri kam bereits um das Jahr 100 v. Chr. zur Ausführung. Dieselbe wirkte keineswegs, wie man zunächst anzunehmen geneigt ist, vorbildlich, da die Römer, selbst in Fällen, in welchen dieses sich ohne weiteres hatte ergeben müssen, durchaus nicht von Siphons Gebrauch machten.

Angeregt durch eine Marmortafel im Rathaus von Alatri, auf welcher das Folgende berichtet wird, hat man Nachforschungen angestellt, welche das tatsächliche Vorhandensein einer Druckwasserleitung ergeben haben. Die Inschrift besagt L. Betilienus Varus habe an einer Stelle neben der Stadt in einer Höhe von 100 m in festen Röhren Wasser geleitet und Bogenstellungen ausgeführt, der Senat habe ihn deshalb zweimal zum Censor erwählt und seinem Sohn Stipendien gegeben, das Volk aber habe ihm eine Statue errichtet. Die Trasse dieser Leitung ist aus dem beigefügten Situationsplan, *Abb. 60*, ersichtlich. Die Leitung durchsetzt das Tal des Cosa-Bachs, dessen Sohle etwa 101 m tiefer liegt als das Ausgussbecken in Alatri. Der Einfluss in die Heberleitung erfolgte wahrscheinlich in einem auf dem Monte Paielli vorhandenen Becken, das 2 m höher liegt als der Ausfluss am Peterstor in Alatri. Die Zuführung in das Einflussbecken des Hebers geschah nach den aufgefundenen Resten durch offene Gerinne. Die zur Verwendung gekommenen Röhren sind teils 10 mm, teils 32 – 35 mm starke Bleiröhren von 10 cm innerem Durchmesser. Es scheint, als ob dem in den verschiedenen Lei-

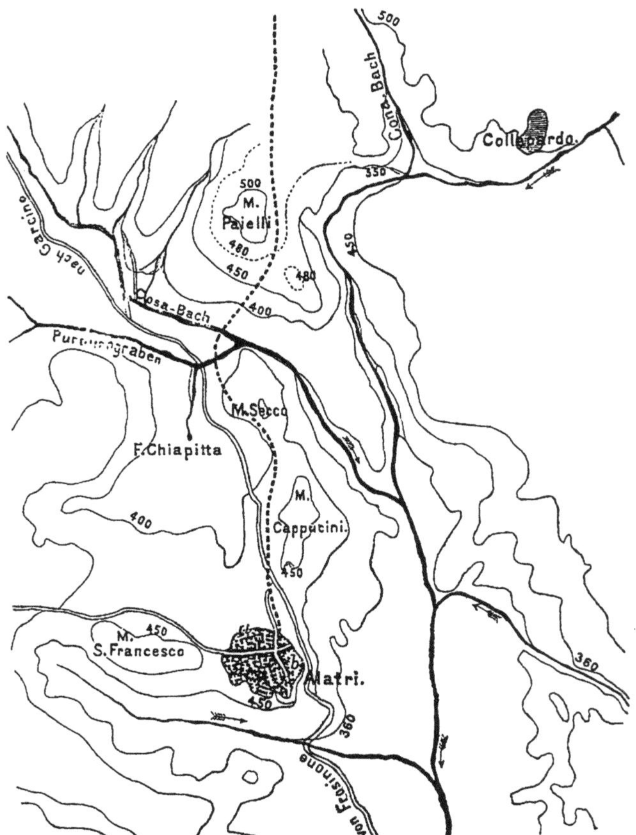

Abb. 60. Lageplan der Wasserleitung von Alatri.

tungsstrecken entsprechenden Druck gemäß die Wandstärke der Röhren variiert worden ist.

Die bedeutenden Überreste der antiken Wasserleitungen Lyons lassen erkennen, dass diese Kolonie, die eine sogenannte Colonia Deducta war, sich zu großer Bedeutung emporgeschwungen haben muss. Durch die erste für Lyon zur Ausführung gekommene Leitung wurde das Wasser des Massivs des Mont d'Or der Stadt zugeführt. Die Entfernung der Quelle von der Stadt beträgt etwa 20 km. Man glaubt, dass diese Leitung dem Triumvirn Marcus Antonius zu danken ist. Unter der Regierung Augustus erwies sich die der

Stadt zugeführte Wassermenge bereits als nicht mehr ausreichend, und wurde auf Veranlassung von Agrippa und Drusus ein zweiter Aquädukt (nach dem Fluss Brevenne genannt) angelegt. Die Wasserentnahme erfolgte hierbei in dem engen Tal von Orgeolle. Diese Leitung durchschnitt mittelst eines Hebers von 200 m Länge das Tal von Salvagny. Das Gerinne war durchgängig aus viereckigen, durch Zement mit einander verbundenen Steinblöcken erbaut, die Höhe betrug 152 cm, die Breite 61 cm. Die Stärke der Auskleidungsschicht war 3,2 cm. Beide Leitungen genügten für die Dauer nicht, namentlich gestatteten sie nicht die Versorgung des auf der Höhe des heutigen Fourvieres gelegenen Kaiserpalastes. Die weiteren Wassermengen mussten aus einer Entfernung von mehr als 50 km hergeleitet werden, und zwar aus den das Giertal umschließenden Bergen (Mont Pilat). Das kostspielige Unternehmen wurde unter Claudius verwirklicht, dessen Namen sich auf vielen der Leitungsrohre befindet (Ti. Cl. Caes.). Die Rohre haben eine Länge von 5½–6 m. Diese Leitung ist das bedeutendste römische Werk dieser Art, das sich in Gallien findet. Die Entnahmestelle liegt in der Höhe von 380 m, hier war ein Damm errichtet, so dass das Quellwasser zunächst aufgestaut wurde. Die Leitung ist teils unterirdisch, teils auf Brücken, teils in Tunnel geführt. Das tiefe Tal von Pouillet durchquert sie mittelst eines Hebers, der auf einer Brücke von 13 Bogenöffnungen ruht. Die Leitung besteht hier aus acht Bleirohren. Bei Soucien ruht die Leitung auf 71 Bogenstellungen von 17 m Höhe und einer Gesamtlänge von 485 m.

Das Tal der Garonne wurde mittelst eines Hebers von 94 m Pfeilhöhe durchschnitten. Die Leitung bestand hier aus neun Bleirohren. Es schloss sich daselbst eine Brücke von 23 Bögen und 208 m Länge an. Auf dem Plateau von Chaponost war ein Aquädukt von 550 m Länge vorhanden. Der Heber, mittelst welches die Yzeron übersetzt wurde, hatte eine Pfeilhöhe von 123 m, derselbe bestand aus zehn Bleiröhren. In der Talmitte ruhten dieselben auf einer Brücke von 30 Bögen von etwa 268 m Länge, die Spannweite beträgt 7,35 m, die Höhe 16 m. Auf dem weiteren Weg findet sich ein dritter Heber, der acht Rohrstränge aufweist. Der Endpunkt dieser Leitung liegt in einer Höhe von 296 m und 15 m höher als diejenigen der beiden anderen Leitungen. Während die Höhendifferenz zwischen den beiden Endpunkten nur 84 m beträgt, war die Pfeilhöhe des bedeutendsten Hebers 123 m, so dass hier die Leitung einem Drucke von über 12 Atmosphären ausgesetzt war. Am Endpunkt ist ein Brunnenkastell angeordnet, von wo aus die Verteilung des Wassers erfolgte. Die einstige Leistungsfähigkeit dieser Wasserleitung wird auf 45 000 m³ pro Tag geschätzt. Eine weitere Leitung diente vermutlich zur Speisung der Naumachie. Die gesamte Wassermenge, die Lyon zugeführt wurde, dürfte etwa 100 000 m³ pro Tag betragen haben, so dass, da die Stadt zu jener Zeit etwa 80 000 – 100 000 Einwohner gezählt haben dürfte, auf den Kopf der Bevölkerung 1000 – 1200 Liter kamen.

Über den eigentümlichen Querschnitt der Bleiröhren der Leitung des Mont Pilat. *(Abb. 57)* ist bereits auf *Seite 78* gesprochen worden.

Die römische Wasserleitung von Pergamum diente zur Versorgung der Unterstadt. Die Zuführung erfolgte mittelst tönerner Röhren von dem Madarasdagh in einer Länge von 60 km. Die Röhren, drei an der Zahl, sind nebeneinander verlegt, und zwar sind sie in das mit Schieferstückchen vermischte Erdreich gebettet. Die Bedeckung besteht aus etwa 6 cm starken Schieferplatten ohne Mörtelverband. Die Dimensionen der Röhren, wie solche an einzelnen Stellen gefunden sind, betragen: Länge 64 cm, innerer Durchmesser 19 cm, Wandstärke 32–40 mm. Um das Wasser über die hinter dem Burgberg befindlichen Einsattlungen zu führen, waren Aquädukte erbaut worden, von welchen noch ansehnliche Reste erhalten sind. Das größere der beiden Aquädukte *(Abb. 17)* ist dem Augenschein nach in späterer Zeit Veränderungen unterzogen worden. Die aufgefundenen Tonröhren, die wahrscheinlich einst die römische Leitung an dieser Stelle gebildet haben, besitzen eine Wandstärke von 6–9 cm, bei einem inneren Rohrdurchmesser von 16–18 cm, ihre Länge betrug ca. 48 cm. An den Enden des Aquäduktes setzt sich das Mauerwerk noch nach beiden Seiten hin den Berg hinauf weiter fort. Auf der Südseite beträgt die Länge etwa 70 m, auf der Nordseite, die weniger steil ist, mehrere Hundert Meter. Die Befestigung der Röhren, die zweifellos einer Druckleitung angehörten, ist auf dem Aquädukt durch Lochsteine (Quadern von fast kubischer Form mit 60–80 cm Stärke und einer Durchbohrung von 24 cm) erfolgt. Diese Steine waren mit dem Quadermauerwerk des Aquädukts jedenfalls in feste Verbindung gebracht.

Die schwierige Muffendichtungsfrage war ebenfalls durch die Verwendung dieser Lochsteine gelöst worden. An dem einen Ende des großen Aquädukts hat man zwei Behälter gefunden, die jedenfalls als Klärbassins gedient haben, um das Wasser, bevor es in die Druckleitung eintrat, zu reinigen und die festen Bestandteile zurückzuhalten. Über die

Brücke waren nach den aufgefundenen Resten fünf Tonrohrleitungen geführt. Um die einzelnen Stränge untersuchen zu können, waren runde Reinigungsöffnungen in einigen der größeren Quader angebracht. In einer dieser Öffnungen wurde noch ein runder, eingepresster Stein gefunden, die Fugen waren mit Kalkmörtel vergossen.

Die Überreste der Wasserleitung von Aspendus sollen an Größe selbst den Pont du Gard übertreffen.

Die Wasserversorgung von Arelatum (Arles) war in der ersten Zeit nach Gründung der römischen Kolonie eine ungenügende gewesen. Das unreine, zudem brackige Wasser der Rhone konnte nur für den tiefgelegenen Teil der Stadt nutzbar gemacht und auch hier nur zu den gewöhnlichsten Zwecken gebraucht werden. Konstantin verdankte die Stadt die Erbauung einer Leitung, durch welche das beste Wasser der Stadt zugeführt wurde. Die Hauptleitung ging von der Umgegend von Mollèges, in der Nähe von Orgon aus, die Nebenleitung von Maussane. Bei den Teichen von Baux überschritt die Leitung das Tal auf einem Aquädukt von doppelten Bogenreihen, der so genannten Brücke von Crau. Das Wasser der berühmten Fontaine von Vaucluse wurde späterhin ebenfalls für die Stadt nutzbar gemacht. Die Leitung geht durch den Berg von Vaucluse, sie wendet sich nach vielfachen Krümmungen der Durance zu und überschreitet diesen Fluss in einer Bleileitung. Das gesamte Wasser trat in Arles an dem höchstgelegenen Punkte aus. Mit demselben wurden die Thermen und die Naumachie versorgt, und wandte sich die Leitung, nachdem durch sie auch der hochgelegene Teil gespeist war, dem auf dem rechten Rhôneufer gelegenen Kaiserpalast zu. Von hier aus führten Bleileitungen in Form eines Siphons das Wasser durch den größeren Flussarm und versorgten das stark bevölkerte Quartier von Trinquetaille.

Vorstehende Beschreibungen der von den Römern ausgeführten Druckleitungen lassen Folgendes erkennen. Während für die älteste bisher bekanntgewordene römische Druckleitung, die etwa 100 Jahre v. Chr. erbaute Wasserleitung von Alatri, Bleiröhren zur Verwendung kamen, bestand die unter Augustus für Lyon erbaute Heberleitung im Tal von Salvagny aus durchbohrten Steinblöcken; die unter Claudius angelegte Heberleitung zeigt Bleiröhren. Auch der Heber im Tal der Garonne (94 m Pfeilhöhe) war aus Bleiröhren angefertigt, desgleichen der Siphon im Jzeron-Tal (Pfeilhöhe 123 m). In Pergamum war die Leitung dem Druck einer Wassersäule von mindestens 26 m ausgesetzt, hier hatten Tonröhren Verwendung gefunden. In Arelatum, woselbst die Heberleitung erst unter Konstantin (gest. 339 n. Chr.) erbaut wurde, hatte man Bleiröhren verwandt. Vielleicht ist es nach dem Angeführten berechtigt anzunehmen, dass die römischen Ingenieure bei höherem Drucke ausnahmslos Bleiröhren benutzten und nur für

Druckleitungen mit geringerem Druck von Tonröhren Gebrauch machten. Wie die Römer dazu kamen bei der Druckleitung des Mont Pilat Bleiröhren von einer so ungenügenden Konstruktion zu verwenden, bleibt rätselhaft. Einen Fortschritt in konstruktiver Hinsicht lassen somit die römischen Druckleitungen nicht erkennen, und es ist bemerkenswert, dass die Anlage von Alatri durch die späteren Ausführungen in dieser Beziehung nicht übertroffen wird.

Die Herstellung der zahlreichen Wasserleitungen hatte, wie auch die gegebenen Beschreibungen zur Genüge erkennen lassen, die Schaffung einer großen Anzahl Brückenbauten im Gefolge. Diese Bauwerke (für welche in unserer Zeit die Bezeichnung Aquädukt gebräuchlich ist) gehören zum Teil zu den hervorragendsten Brückenbauten, die das römische Volk überhaupt geschaffen hat.

Der Pont du Gard gehörte zu der Wasserversorgungsanlage von Nimes, dem römischen Nemausus, dem gallischen Nemaus, im südlichen Frankreich. Die Leitung besitzt eine Länge von 49,75 km. Das Gerinne hat eine untere Breite von 1,20 m; die obere Breite ist 1,3 m und die Höhe 1,8 m. Die Abdeckung ist durch ein Gewölbe erfolgt. Die Speisequellen liegen bei Eure 76 m über dem Meere und lieferten täglich ca. 30 000 m³ Wasser, das in ein in der Stadt in der Höhe von 59 m über dem Meer liegendes Reservoir floss. Ein zweites Reservoir scheint zur Versorgung der tief gelegenen Stadtteile bestimmt gewesen zu sein. Auf

Abb. 61. Querschnitt durch den Pont du Gard.

Abb. 62. Pont du Gard.

einer Länge von 3220 m bestand die Leitung aus Aquädukten. Das bei Vert liegende Aquädukt hat eine Länge von 2000 m und eine Höhe von 2 – 15 m. Die 256 Bogen, aus welchen dieses Bauwerk besteht, haben eine verschieden große Spannweite. Ein Aquädukt überspannt in drei über einander liegenden Bogenstellungen das Tal der Garonne. Dieses Bauwerk, Pont du Gard genannt, *Abb. 61 u. 62*, ist auf dem felsigen Untergrund fundiert. Das Mauerwerk besteht mit Ausnahme des Gerinnes aus behauenen, großen Steinblöcken, die ohne Mörtel trocken verlegt sind. Die Spannweite der unteren Bogen schwankt zwischen 15,6 – 24 m. Die Abdeckung des Gerinnes wurde durch Platten gebildet. So groß auch der Ruhm ist, dessen sich dieses Werk erfreut, so haben doch verschiedene Kenner desselben nicht ermangelt darauf hinzuweisen, dass auch an dieser Schöpfung erkennbar ist, dass die Römer durchaus nicht immer eine so große Sorgfalt und Genauigkeit an den Tag gelegt haben, wie man dieses häufig ganz allgemein behauptet. Namentlich ist das Fehlen des Mörtels bei vielen großen Bauwerken, als ein technischer Mangel zu bezeichnen.

Der gleiche Reichtum, der **Spanien** an Werken der römischen Brückenbaukunst eigen ist, zeichnet dieses Land auch auf dem Gebiet der Wasserversorgungsanlagen aus. Besonders sind es die zum Teil noch sehr gut erhaltenen Aquädukte von Tarragona. Segovia, Chelves, sowie die imposanten Überreste der Aquädukte von Merida, die als Beispiele der römischen Schaffenskunst stets von neuem Bewunderung hervorrufen.

Das Aquädukt von Tarragona (Acuedueto de las Ferreras) gilt für ein Werk aus dem Anfang der Kaiserzeit. Die Länge dieser in den Jahren 1781 bis 1800 wieder hergestellten Leitung beträgt 35 km.

Die Überbrückung *(Abb. 63)* eines von dieser Leitung durchquerten Tals weist eine Höhe von rund 30 m auf. Die Länge dieses Bauwerks beträgt 211 m. Im Ganzen besitzt dieses Aquädukt

25 obere und 11 untere Bogenöffnungen. Der Steinschnitt ist nicht so sorgfältig ausgeführt wie bei manchen anderen Römerbauten, namentlich finden sich mancherlei Unregelmäßigkeiten in der Schichtenteilung, in der Ausbildung einzelner Architekturteile und in den Abmessungen der Bögen. Der gute Gesamteindruck wird durch diese kleinen Unkorrektheiten jedoch nicht gestört.

Das Aquädukt von Segovia, *Abb. 64 u. 65*, wurde wahrscheinlich unter Trajan hergestellt. Derselbe bringt das Wasser des Fuenfria-Baches aus dem Quadarrama-Gebirge (Entfernung 17 km) nach der Stadt. Die geschlossene Leitung beginnt 2 km vor der Stadt. Sie mündet in ein Sammelbecken, von dem aus das eigentliche Aquädukt beginnt. Die Leitung endet am Alkazar. Der Bau ist aus Granitquadern ohne Mörtel und Klammern errichtet.

Abb. 64 zeigt das gesamte, das Tal von Segovia überschreitende Aquädukt, der das größte erhaltene Römerwerk in Spanien ist. Das Wasser ergießt sich in einer mächtigen Fontaine, von wo aus es sich nach allen Gebäuden der Stadt verteilt. Diese Wasserleitung ist heute noch in Benutzung. *Abb. 65* lässt die Einzelheiten des Aquädukts erkennen, der im Ganzen 109 Bögen besitzt, von welchen 30 der Regierungszeit Isabellas ihre Erneuerung verdanken. Die größte

Abb. 65. Aquädukt von Segovia.

Höhe beträgt 31 m. Der Aquädukt besteht auf seinem hohen Teil aus zwei Arkadenreihen. Die oberen Pfeiler haben durchgängig eine Stärke von 1,8 × 1,4 m, die unteren sind 3,5 m und 3,7 m und einer 2,3 m stark. Die Entfernung der einzelnen Pfeiler voneinander ist eine verschiedene und schwankt zwischen 4,25 – 4,6 m: Die Pfeiler der oberen Arkadenreihe haben einen gleichmäßigen Abstand von 5,2 m. Die Gesamtlänge beträgt 818 m. Als Baumaterial hat eine Art Granit Verwendung gefunden, und zwar dieselbe Steinart, die zum Escurial benutzt wurde. Mörtel ist nicht bei dem Bau verwandt worden, vielmehr sind die Steine sorgfältig aufeinander versetzt. Das Bauwerk, dessen Entstehung unter

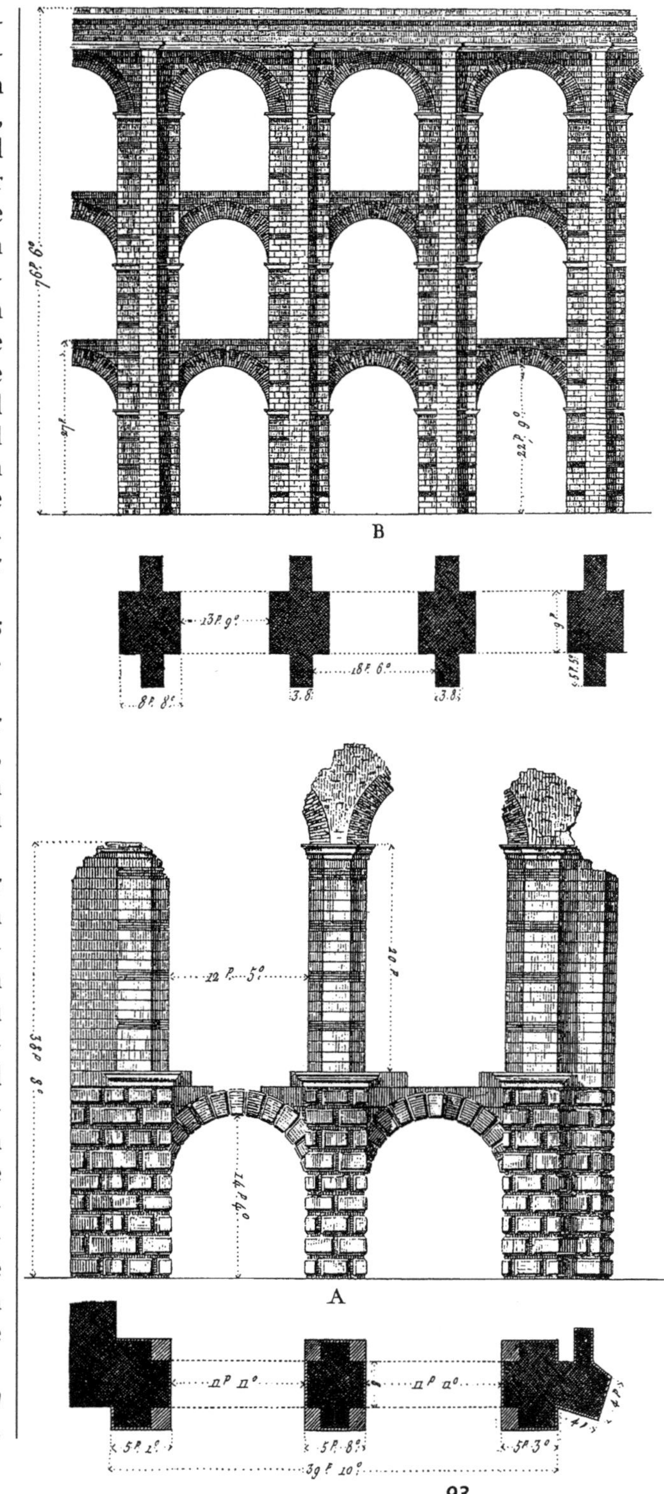

Abb. 66. Ansicht und Grundriss eines Teils des Aquädukts von Merida.

Hadrian nicht ausgeschlossen ist, war mit verschiedenen Statuen geschmückt, deren Platz noch erkennbar ist. Die oben erwähnte Reparatur wurde durch den Pater Pedro de Meza ausgeführt.

Das Aquädukt von Chelves. Von dieser imposanten Anlage hat sich namentlich die über einen kleinen Fluss gespannte Brücke von drei Bogen gut erhalten *(Abb. 68)*. Um das Wasser fortleiten zu können, haben die Römer einen mächtigen Einschnitt von 30 m Tiefe und mehr als 60 m Länge in dem der Brücke benachbarten Felsen hergestellt. An einzelnen Stellen hat man die Felsmasse gleichsam als Querstützen stehenlassen. DeLaborde hat mit Recht sein Erstaunen darüber ausgedrückt, dass die Römer, statt einen wenige Fuß hohen Tunnel herzustellen, eine solche, große

Abb. 67. Ansicht und Grundriss von Überresten des Aquädukts von Merida.

Arbeit und Zeit erfordernde Ausführungsweise wählen konnten. Er glaubt, dieses seltsame Verhalten nur dadurch erklären zu können, dass die Verwendung der Soldaten bei derartigen Bauten einen unnützen Arbeitsaufwand nicht ins Gewicht fallenließ. Bis jetzt ist es unbestimmt, welcher Ort durch diese Leitung gespeist wurde.

Die Aquädukte von Merida stehen nach der Ansicht von DeLaborde weder an Großartigkeit noch an Umfang hinter den Wasserleitungen Roms zurück. Merida scheint das Wasser in zwei Leitungen zugeführt worden zu sein, von welchen die eine hauptsächlich die Naumachie versorgt haben dürfte.

Von dem einen Aquädukt *(Abb. 66)* sind 37 Pfeiler erhalten, einzelne Strecken bestanden aus 5 Bogenreihen übereinander. Die Wasserrinne liegt stellenweise mit der Sohle 21 m über dem Boden. Das Aquädukt überschreitet den Albaregas. Der Bau besteht zum Teil aus Quadern, zum Teil aus Beton, der an den Außenseiten mit Ziegeln bekleidet ist. Überreste des zweiten Aquädukts sind in den *Abb. 67* wiedergegeben. Die Leitungen entnahmen das Wasser zwei künstlichen Teichen, die jetzt den Namen Albufera oder Albuera führen, eine Bezeichnung, welche ihnen von den Arabern gegeben wurden. Die Behälter sind noch vollständig erhalten. Der erste Teich ist eine Meile von Merida entfernt, seine Versorgung geschieht durch Regenwasser und durch das Wasser verschiedener Bäche. Als einen Beweis für den antiken Ursprung betrachtet der genannte Forscher die Architektur der Sperrmauer, deren Höhe 13,7 m und deren Länge 400 m beträgt. Der Abfluss befindet sich zwischen zwei großen Türmen. Der zweite Stauweiher liegt zwei Meilen von Merida, in seiner Umgebung trifft man eine Anzahl unterirdischer Gänge an.

Wasserleitungen in Kleinasien

Die Anzahl der in diesem Teile der Erde von den Römern geschaffenen Wasserversorgungsanlagen ist eine so große, dass nur einzelne aufgeführt werden können. Die Aquädukte von Pergamum und Aspendus haben bereits Erwähnung gefunden. In Samos schufen die Römer eine zweite Wasserleitung, desgleichen legten sie in einer Reihe von Städten, in welchen bereits die griechischen Ingenieure Werke dieser Art hergestellt hatten, solche Anlagen an.

Die auf einem Erdhügel oder so genannten Kunstdamm der Semiramis gelegene Stadt Tyana, am Nordfuß des

Abb. 68. Aquädukt von Chelves.

Cilicischen Taurus gelegen, zeigt die Überreste eines Aquädukts, der das Wasser vom Gebirge der Stadt zuführte. Die Einwohner schreiben dieses Werk Ninirud zu, während es von neueren Reisenden für römische Arbeit erklärt wird. Die erhalten gebliebenen etwa fünfzig Bogen der Wasserleitung sind aus großen bossierten Steinen erbaut. Die Spannweite der Bogenöffnungen beträgt 3,5 m, die Stärke der Pfeiler 1,2 m.

Von der Bedeutung Anazarbas, jetzt Ani Zerba, legen die Reste eines Aquädukts Zeugnis ab, der das Wasser aus einer Ferne von mehreren Meilen herbeiführte. Unter Caracalla wurde diese Stadt zur Metropolis erhoben. Das eine Aquädukt kommt von einem Berg im Norden der Stadt, das andere von einer kleineren Anhöhe in der Nähe der Stadt, vor welcher sich beide Leitungen vereinen. Als Material hat Bruchstein Verwendung gefunden. Die Pfeiler besaßen eine Höhe bis zu 9 m.

Die Stadt Selinus, woselbst Kaiser Trajan seinen Tod fand, und die daher eine Zeit lang Trajanopolis genannt wurde, erhielt durch ein Aquädukt das Wasser der in der Umgebung liegenden schneetragenden Berge. Desgleichen wurden die Städte Sebaste und Soli durch Aquädukte mit Wasser gespeist.

Von der Wasserversorgungsanlage der Stadt Sinope finden sich am Osthang der Höhen, auf welchen dieser Ort steht, Reste. Sie bestehen in mehreren Subkonstruktionen und Gewölben aus römischem Backsteinmauerwerk. Über diese Wasserleitung liegen zwei zwischen Kaiser Trajan und Plinius gewechselte Briefe vor, deren Wortlaut nachstehend wieder gegeben wird.

Plinius schrieb: *»Die Einwohner von Sinope haben Mangel an Wasser; man könnte solches aber gut und in Menge 16 Meilen weit herleiten. Der Boden ist zwar gleich bei der Quelle etwas mehr als 1000 Schritt weit verdächtig und weich; indessen habe ich ihn mit massigen Kosten untersuchen lassen, ob er einen Bau aufnehmen und tragen kann. An Beschaffung des Geldes, wofür ich sorge, wird es nicht fehlen, wenn Du, o Herr, ein solches Werk der Gesundheit und Annehmlichkeit der sehr an Wassermangel leidenden Kolonie gewähren willst.«*

Die Antwort Trajans lautet: *»Untersuche sorgfältig, teuerster Secundus, wie Du angefangen hast, ob jene Dir verdächtig scheinende Stelle den Bau einer Wasserleitung tragen kann. Denn darüber habe ich keinen Zweifel, dass Wasser in die Kolonie Sinope geführt werden muss, wenn sie es nur mit eigenen Kräften erreichen kann, da dieses zu ihrem Wohlsein und Vergnügen so viel beitragen wird.«*

Dieser Briefwechsel ist interessant, weil er erkennen lässt, wie dem Kaiser über alle Einzelheiten Bericht erstattet wurde, und dass vor Inangriffnahme eines wichtigeren Werkes die notwendigen Bodenuntersuchungen angestellt wurden.

Zur Versorgung der Stadt Nicomedia schlug Plinius die Benutzung eines aus früherer Zeit stammenden unvollendet gebliebenen Aquädukts vor. Der über diese Angelegenheit geführte Briefwechsel ist ebenfalls erhalten geblieben.

Plinius schrieb: *»Die Nicomedier, o Herr, haben 3 329 000 Sesterzen auf eine Wasserleitung verwendet, welche bis jetzt unvollendet geblieben und sogar verfallen ist; wieder sind für eine andere Leitung 2 Millionen ausgegeben worden. Da auch diese liegengeblieben ist, so müssen sie nach Verschleuderung so großer Summen, um Wasser zu erhalten, neuen Aufwand machen. Ich selbst kam zu einer sehr klaren Quelle, von welcher nach meiner Meinung das Wasser, wie* *man es anfangs versuchte, auf Schwibbogen hergeleitet werden muss, damit es nicht nur in die ebenen und niedrig gelegenen Teile der Stadt komme. Es sind nur noch sehr wenige Bogen vorhanden; einige können aus den Quadern errichtet werden, die von dem vorigen Bau übrig geblieben; ein Teil wird aus Backsteinen zu erbauen sein, weil dieses leichter und wohlfeiler ist. Vor allem ist es aber nötig, dass Du einen Wasserkundigen sendest, damit nicht wieder geschehe, was schon geschehen ist. Nur das versichere ich, dass der Nutzen und die Schönheit dieses Werkes Deiner würdig ist.«*

Die Antwort Trajans hatte folgenden Wortlaut: *»Es muss dafür gesorgt werden, dass Wasser in die Stadt Nicomedia geleitet werde. Ich bin wahrhaftig überzeugt, dass Du dieses Werk mit der erforderlichen Sorgfalt angreifen würdest. Aber bei den Göttern, mit derselben Sorgfalt musst Du auch untersuchen, durch wessen Schuld die Nicomedier bei diesem Werk um eine so große Summe gekommen sind, damit sie nicht, um sich wechselseitig zu bereichern, die Wasserleitungen unternehmen und wieder liegenlassen.«*

Wie dieser Briefwechsel erkennen lässt, war der Bau der Wasserleitung von Nicomedia auf Kosten der Stadt in Angriff genommen worden. Auch für Sinope setzte Trajan die Tragung der Kosten durch die Kommune voraus. Nichtsdestoweniger war die Zustimmung des Kaisers erforderlich, auch wünschte Plinius die Sendung eines Ingenieurs durch den Kaiser, d. h. eines staatlichen Baumeisters. Aus dem Briefwechsel kann geschlossen werden, dass entweder der mit der Ausführung der wieder aufgegebenen Leitung betraute Ingenieur seiner Aufgabe nicht gewachsen war oder aber, dass Betrügereien zu dem Misslingen der Unternehmung beigetragen hatten. Die Wasserversorgung kam in der Folgezeit zu Stande, und floss durch die Leitung das Wasser einer sehr ergiebigen Quelle einem Sammelbecken zu, das 36 Pfeiler besaß, welche die Gewölbe, mit denen es abgedeckt war, trugen. Das Bauwerk war fast ganz aus Ziegelsteinen hergestellt und nahm einen Flächenraum von $250\,\text{m}^2$ ein. Die inneren Wandflächen waren mit einem dreifachen Überzug versehen. Die erste Schicht bestand aus einem Gemisch von Kalk und Mörtel, die zweite aus gestoßenen Kohlen und Kalk und die dritte aus einem sehr festen Stuck, aus gestoßenen Steinen, Kalk und Öl bestehend. Es sind in neuerer Zeit mit Recht Zweifel aufgetaucht, ob dieses letztere Bauwerk wirklich dem Altertum seine Entstehung verdanke.

Die Erbauung des Aquädukts von Alexandria Troas wird Herodes Atticus zugeschrieben. Da die Stadt lediglich auf Zisternen und Brunnen angewiesen war, so stellte Herodes Atticus, der Statthalter der freien asiatischen Städte war, Hadrian die Notwendigkeit und das Wünschenswerte einer Abänderung dieses ungenügenden Zustandes vor. Hadrian bewilligte fünf Millionen Drachmen und beauftragte den Antragsteller mit der Ausführung. Der Bau der Wasserleitung kostete jedoch sieben Millionen. Da sich die übrigen Verwalter des römischen Asiens darüber beklagten, dass der Tribut von 500 Städten dazu benutzt worden sei, eine einzige Stadt mit Wasser zu versorgen, so bestritt Herodes Atticus die Mehrkosten selbst. Von dieser Leitung führt ein Strang nach den Resten eines Gebäudes, das Koldewey als ein Bad nachgewiesen hat. Das Niveau der Zuführungsleitung geht nicht über das des Gebäudefußbodens hinaus, das Wasser musste daher, falls es über

Fußbodenhöhe benutzt werden sollte, gehoben werden. Koldewey glaubt, dass das Wasser mittelst Pumpen in dem in einem Pfeiler eingebauten Rohr hochgetrieben worden sei. In der Nähe dieses Bades liegt ein kleines Gebäude, das den Abschluss der von Osten kommenden, in ihren Trümmern noch erhaltenen Wasserleitung bildete. Der Leitungskanal hat in den Gewölbenischen dieses Bauwerks je eine Ausströmungsöffnung. Dieser Wasserleitungskopf zeigt in seiner Anordnung Ähnlichkeit mit der Exedra des Herodes Atticus in Olympia.

Die im Altertum hochberühmte und auch berüchtigte Stadt Mytilene auf Lesbos wurde durch eine Wasserleitung versorgt, welche das Wasser von Quellen des Olymps nach der Stadt führte. Die Leitung besteht zum Teil aus einem Kanal von 35–64 cm Breite, dessen Höhe nur an einzelnen Stellen genau nachweisbar ist. Die größeren Täler überschreitet die Leitung auf Aquädukten, deren bedeutendster derjenige von Moria ist. Dieses Bauwerk besitzt 17 Bogenöffnungen, die Pfeiler zeigen eine sorgfältigere Fügung und Schichtung als das kleinere Aquädukt bei Kutschuk-Ludscha derselben Leitung. Die Steine sind in mechanischem Verband mit eisernen Hakenklammern und vergossenen Dübeln mit horizontalem Gusskanal ausgeführt. Die Pfeiler sind durch Ziegelgewölbe verbunden und zweimal durch Rundbögen aus Marmorquadern ausgesteift. Die oberen Bögen hält Koldewey für byzantinische Arbeit, demnach für später entstanden. Die Zwischenbögen sind schmaler wie die Hauptbögen. Die Pfeiler verjüngen sich senkrecht zur Achse des Aquädukts, was dadurch erreicht ist, dass die höher liegenden Schichten etwas nach einwärts springen. Die mittleren Pfeiler sind unten 4,20 m und oben 2,93 m stark. Auf den mittleren Bögen ist die Sohle des Gerinnes erhalten, das Gefälle wird zu etwa ½°, d. h. 1 : 87 angegeben, ein Gefälle, das nicht zutreffend sein dürfte, was wohl auf die Kürze des gemessenen Stücks zurückzuführen ist. Auf verschiedenen Strecken ist das Gerinne unmittelbar an den fast senkrecht abfallenden Felswänden entlang geführt. Der Kanal ist teils eingeschnitten, teils aufgemauert. Das Tal von Paspalá wurde mittelst eines vierbögigen Aquädukts überschritten, das noch fast vollständig erhalten ist, nur ein Bogen fehlt. Zur Aufnahme der Rüstungen sind die untersten Gewölbesteine etwas aus der Laibung hervorgeschoben. Diese Quader bilden gleichzeitig die Kämpfer. Die Gesamtlänge dieser Wasserleitung schätzt Koldewey auf 26 km, den Niveauunterschied auf 250 m. Interessant ist der durchgeführte Wechsel im Profil. Auf den Aquädukten, d. h. auf den Leitungsstrecken mit dem geringeren Gefälle ist das größte Profil vorhanden. Die tägliche Leistung berechnet sich zu 127 000 m³. Koldewey hat, zur Ermöglichung der absoluten Wertschätzung, die Leitung von Mytilene hinsichtlich ihrer Hauptabmessungen mit der modernen Wiener Leitung vom Semmering in Parallele gestellt.

Er gibt die folgenden Zahlen:

	Mytilene	Semmering-Wien
Ganze Länge	26 km	98,8 km
Anzahl der Aquädukte	6	5
Gesamtlänge der Aquädukte	307 m	1984 m
Größter Aquädukt	144 m	664 m
Größte Höhe	27 m	23 m
Verhältnis der ganzen Länge	= 26 000 m	98 800 m
zur Gesamtlänge der Aquädukte	= 307	1984
	= 84,7 :	49,8

Hieraus zieht der Genannte den Schluss, dass die alte lesbische Leitung in Freiheit und Kühnheit der ganzen

Anlage (Verhältnis der Brückenbauten zur Leitungslänge) der modernen Schöpfung weit voransteht. Ein solcher Vergleich setzt gleiche Terrainverhältnisse voraus. Um ein wirklich zutreffendes Bild zu erhalten, müsste man auf Grundlage der lesbischen Terrainverhältnisse die Trasse einer Wasserleitung nach modernen Grundsätzen festlegen. Dass hierbei das angegebene Verhältnis ebenfalls zu Ungunsten der jetzigen Projektierungsart ausfallen wird, erscheint sehr wahrscheinlich. Es beruht diese Annahme darauf, dass beim Entwerfen der modernen Anlagen die Kostenfrage sicherlich eine weit eingehendere und sorgfältigere Erwägung erfährt, als solches im Altertum der Fall gewesen sein wird, so dass die Überlegenheit der antiken Werke in Wirklichkeit und insbesondere vom technisch-wirtschaftlichen Standpunkt aus eine nur scheinbare ist.

Von dem römischen Aquädukt von Ephesus haben sich verschiedene Reste erhalten. An einer Stelle finden sich einzelne Pfeiler und Bogen. Der Aquädukt besteht aus zwei Arkadenreihen, die oberen Bogen sind etwa halb so weit wie die unteren, so dass immer ein Pfeiler der oberen Reihe auf dem Scheitel des unteren Bogens steht.

Von den Wasserleitungsbauten in **Syrien** verdienen besonders diejenigen von Antiochia sowie zahlreiche Reste derartiger Anlagen in Palästina Erwähnung.

Unter den Wasserleitungen der Römer in **Afrika** steht in erster Linie das Aquädukt von Karthago, der zu den bedeutendsten Anlagen dieser Art gehört. Seine Länge wird zu 114–132 km angegeben, während die Entfernung der Quellen des Mons Zeugitanus in der Luftlinie gemessen nur etwa 60 km beträgt. Die Leitung war teils oberirdisch, teils unterirdisch geführt. Etwa 6 km von den Quellen entfernt, vereinigt sich mit dem Zeugitanus-Stollen der 33 km lange Stollen der Zuccharius-Quelle. Die Niederung des Wad Miliana wurde mittelst eines Aquädukts überschritten, von welchem noch etwa 340 Pfeiler mit Bogen vorhanden sind. Die Höhe betrug bis zu 40 m. Ein zweites Aquädukt befindet sich in der westlich der karthagischen Halbinsel gelegenen Niederung. Das große Aquädukt wurde unter Hadrians Regierung begonnen und zu Anfang des dritten Jahrhunderts unter Septimius Severus (193–211 n. Chr.) vollendet.

Die Stadt Bougie liegt auf einem harten und kompakten Kalkfelsen, der mit vulkanischem Gestein durchsetzt ist und steil abfällt. Das Wasser musste aus größerer Entfernung hergeleitet werden, und zwar benutzten die Römer zur Versorgung eine etwa 25 km, in der Luftlinie gemessen, entfernte Quelle. Infolge des ungünstig gestalteten Terrains erhielt die Zuleitung fast die doppelte Länge. Sie erreichte den hochgelegenen Teil der Stadt, woselbst sie einen großen Behälter speiste.

Bemerkenswert ist der, auf einem in der Nähe von Lambäsis im Jahr 1866 aufgefundenen Altar, eingegrabene Bericht über den für diese Wasserleitung hergestellten Tunnel.

Die Inschrift lautet: *»Varius Clemens begrüßt Valerius Etruscus und bittet ihn in seinem Namen und in dem Namen der Bewohnerschaft von Saldae (Bougie), den Wasserbau-Ingenieur der dritten Legion, Nonius Datus, zu senden mit dem Befehle, dass er das Werk beende, welches er vergessen zu haben scheint.«*

Nonius Datus schrieb, nachdem er das Werk vollendet hatte, dem Magistrat von Saldae den nachstehenden Bericht: *»Nachdem ich mein Quartier verlassen,* *stieß ich auf Räuber, die mich meiner Kleider beraubten und mich ernstlich verwundeten. Es gelang mir, nach dem Zusammentreffen Saldae zu erreichen, woselbst ich mit dem Befehlshaber zusammenkam. Nachdem ich mich einige Zeit ausgeruht, nahm derselbe mich nach dem Tunnel mit. Dort fand ich alle in niedergeschlagener und verdrießlicher Stimmung. Sie hatten alle Hoffnung aufgegeben, dass sich die beiden entgegengesetzten Stollen des Tunnels treffen würden, weil bereits jeder Anfang bis über die Mitte des Berges hinaus vorgetrieben und die Vereinigung doch nicht eingetreten war. Wie es in einem solchen Falle immer zu gehen pflegt, so wurde auch hier der Fehler allein dem Ingenieur zugeschrieben, als ob dieser nicht alle Vorsicht angewandt hätte, um den Erfolg des Werkes zu sichern. Was hätte ich mehr tun können? Ich begann damit, die Flügelorte des Berges zu bestimmen, ich markierte auf dem Bergrücken die Achse des Tunnels auf das genaueste. Ich zeichnete Pläne und Schnitte des ganzen Werkes, welche Pläne ich Petronius Celly, damals Verwalter von Mauritania, aushändigte, und, um besonders vorsichtig zu verfahren, lud ich den Unternehmer und seine Werkleute vor und begann in deren Gegenwart mit Hilfe zweier Schichten erfahrener Veteranen (nämlich einer Abteilung der Classici Milites und einer Abteilung der Gaesates), den Ausbruch. Was hätte ich mehr tun können? Aber während der vier Jahre, in denen ich von Lambäsis abwesend war und in welcher Zeit ich täglich die gute Botschaft von der Ankunft des Wassers in Saldae erwartete, hatten der Unternehmer und seine Gehilfen Versehen über Versehen gemacht; jeder Stollen des Tunnels hatte sich von der geraden Linie entfernt, jeder nach der rechten Seite und wäre ich*

ein wenig später gekommen, so würde Saldae anstatt eines Tunnels zwei besessen haben.«

Nomius Datus verband die beiden abweichenden Strecken durch einen Querstollen, und so konnte das Wasser bald an sein Ziel geleitet werden. Seine Ankunft in Saldae wurde in Gegenwart des Statthalters und des Ingenieurs mit außerordentlichem Jubel begrüßt.

Der größte Tunnelbau, welcher seitens der Römer zu Wasserleitungszwecken ausgeführt wurde, ist der des Monte Affliano, zwischen Tivoli und S. Gericomo. Seine Herstellung war von Domitian (81 – 96 n. Chr.) an L. Paquedius Festus übertragen worden. Der Querschnitt des Tunnels hatte 2,3 m Höhe und 1 m Breite, hierdurch dürfte während der Herstellung die Ventilation eine äußerst schwierige gewesen sein. Der Unternehmer tat der lokalen Gottheit Bona Dea das Gelübde, ihren verfallenen Tempel auf der Bergspitze wieder herstellen zu wollen, wenn das Unternehmen mit gutem Erfolg zur Durchführung gelangen sollte. Am 3. Juli des Jahres 88 n. Chr. wurden beide Stollen vereinigt.

Von den Wasserleitungen in **Gallien** verdienen außer den bereits genannten Anlagen von Lyon, Arelatum und Nemausus die Aquädukte von Sens, Lutetia, Antibes und Vienna besondere Erwähnung. Die Versorgung des Aquädukts von Sens erfolgte durch drei, vielleicht sogar durch vier Quellen, welche im Mittel etwa 31 000 m³ Wasser in 24 Stunden lieferten. Die Länge betrug 16,7 km. Die Quellen sind gefasst und ergießen sich in gemauerte Bassins, in welchem das Wasser eine Anstauung erfährt. Letztere beträgt für das Bassin von Noé 4,26 m. **Belgrand** hat von dem Aquädukt von Sens ein genaues Nivellement aufnehmen lassen, welches das bereits früher erwähnte Resultat ergeben hat, und wonach das Gefälle pro Kilometer zwischen 0,01 – 2,47 m schwankt. In dem Gerinne ist sogar auf einer Strecke ein Gegengefälle von 14 cm vorhanden. Belgrand gelangte zu dem Schluss, dass die Ungenauigkeit der zum Nivellieren benutzten Instrumente die römischen Ingenieure zwang, ein Gefälle von 0,5 m pro km als untere Grenze anzusehen, unter welches Maß aus praktischen Rücksichten nicht hinuntergegangen werden durfte. Die genaue Erforschung der Überreste des Aquädukts hat dargetan, dass die Erbauung zu verschiedenen Zeitpunkten erfolgt ist. Der Querschnitt ist nicht überall der gleiche. *Abb. 69* zeigt die Herstellungsweise zwischen Noé und dem Tal der Blumen; wie man aus der Abbildung ersieht, sind die Seitenwände etwas gegen das Gewölbe vorgeschoben, so dass hierdurch eine Auflagerung für die Lehrbogen gebildet war. Die Seitenwände sind mit Tünche überzogen, die Luftschächte, von denen Belgrand eine Darstellung gibt, besitzen eine eigenartige Konstruktion. Über die Verteilungsweise des Wassers hat bisher Bestimmtes nicht ermittelt werden können. An einer Stelle findet sich eine Abzugsleitung, die aller Wahrscheinlichkeit nach für den Abfluss des Wasserkastells gedient haben wird.

Abb. 69. Querschnitt des Aquädukts von Sens.

Über die Wasserversorgung von Lutetia (Paris) sind ebenfalls Belgrand eingehende Mitteilungen zu verdanken. Zunächst wurde der Seine und der Bièvre das Wasser entnommen und nach und nach eine größere Anzahl Brunnen angelegt. Seit der Mitte des dritten Jahrhunderts n. Chr. wurde durch ein Aquädukt das Wasser von Quellen bei Auteuil nach einer ausgedehnten Badeanlage geleitet. Eine zweite Leitung kam von den Höhen von Chaillot; an ihrem Endpunkte, der in dem jetzigen Garten des Palais Royal liegt, hat man ein Reservoir von 6,5 m Seitenlänge entdeckt, in welchem Medaillen der Kaiser von Aurelian bis Valentinian I. gefunden wurden. Bedeutender als diese Leitungen war das Aquädukt von Arcueil, durch welchen das Wasser einer großen Anzahl, in sehr sachgemäßer Weise abgefangener Quellen (4 Gruppen), der Stadt zugeführt wurde. Man unterscheidet heute vier Zuleitungen:

1. Das offene Gerinne zwischen Morangis, Chilly und dem Becken von Wissous.
2. Die Verlängerung der vorgenannten Leitung, zwischen dem Becken von Wissous und dem Sammelbehälter, am Einlauf der Stammleitung.
3. Das Gerinne, welches diesem Sammelbehälter das Quellwasser aus dem Park von Wissous zuführt.
4. Das von den Quellen von Rungis ausgehende Gerinne.

Die Ausführung dieser Zuleitungsstrecken war zum Teil ein schwieriges Unternehmen, und verdient die Trassierung nach dem Urteil Belgrands das höchste Lob. Das Gerinne der Quelle von Chilly besitzt in seinem höher gelegenen Teil ein ziemlich starkes Gefälle, der Querschnitt weist eine trapezförmige Form auf. Die untere Seite ist 25 cm, die obere Weite 40 cm lang, die Tiefe beträgt 30 cm. Das Gerinne ist mit 10 cm dicken Platten abgedeckt. Auf der weniger stark geneigten Strecke ist der Querschnitt rechteckig; die Breite ist 30 cm, die Höhe 25 cm. Das Wasser floss hier offen. Von dem Vereinigungsbassin aus geht das offene Gerinne in einfacher Trassierung nach der Stadt. Dasselbe besitzt nur im Tal der Bièvre Subkonstruktionen, und nur an einer Stelle ist ein Brückenbauwerk errichtet, das sogenannte Aquädukt von Arcueil. Die Länge der Zuleitungen beträgt insgesamt 8550 m, die der Stammleitung 16 057 m, mithin war die gesamte Länge 24 607 m. Das rechteckige Gerinne der Hauptleitung hat eine Tiefe von 60 cm und eine Weite von 35 cm. Es ist vollständig aus Beton hergestellt und mit einer Zementschicht ausgekleidet. Das Gesamtgefälle der Leitung von dem Sammelbassin bis zum Boulevard Arago (14 067 m) ist 6,55 m, ergibt somit ein durchschnittliches kilometrisches Gefälle von 46,5 cm. Dieses Maß ist jedoch nicht eingehalten, es wechselt vielmehr zwischen 25,5 – 78,1 cm. Das Aquädukt von Arcueil ist nach Bonamy wahrscheinlich unter der Herrschaft des Posthumus oder Tetricus erbaut und diente fast ausschließlich für die Versorgung des ›Palais des Thermes‹. Nach Jollois ist dieses Werk von Konstancius Chlorus (305 – 306 n. Chr.), dem Vater des Kaisers Konstantinus, ausgeführt worden. Die offenen Gerinne glaubt Belgrand darauf zurückführen zu können, dass das durchschnittene Terrain jedenfalls mit Bäumen bestanden war; auf alle Fälle war diese Ausführungsweise der Unterhaltung wenig günstig.

Die Leitung für Antibes besitzt eine Tunnelstrecke von 4940 m Länge, sie ist im Jahr 1770 restauriert worden und speist noch jetzt die Stadt.

Die Versorgung der Stadt Vienne an der Rhône (früher Vienna) geschah durch acht Wasserleitungen. Die Quellen lagen etwa 10 km von der Stadt entfernt. Das Gerinne eines dieser Aquädukte hat eine Breite von nicht weniger als 3 m und eine Höhe von 2,30 m.

Von den römischen Wasserversorgungsanlagen **deutscher Städte** sind Überreste u. a. in den Städten Straßburg, Metz, Mainz, Köln und Wien erhalten geblieben. In Straßburg hatte sich vor den Mauern des Castrum Argentoratum, das Standquartier eines größeren Truppenteils war, ähnlich wie an vielen anderen derartigen Plätzen, eine Zivilniederlassung gebildet. Diese Niederlassung hat zwar wohl niemals in jener Zeit einen großen Umfang erreicht, nichtsdestoweniger war es nötig, da unmittelbar aus dem Boden hervorbrechende Quellen nicht vorhanden waren, für Trinkwasser durch eine Wasserleitung zu sorgen.

Bei Küttolsheim, einem an der Römerstraße nach Zabern, ungefähr 18 km von Straßburg gelegenem Dorf, wurde eine Quelle in der Höhe von 200 m über dem Meere gefasst, und das Wasser in zwei 32 cm voneinanderliegenden, 20 cm weiten Tonröhren fortgeleitet. Die einzelnen Rohrstücke waren 52 cm lang und die Stoßstellen mit Kitt gedichtet. Ein Kalkniederschlag von 12 mm Stärke lässt auf längeren Gebrauch der Röhren schließen. In gewissen Zwischenräumen lag die Leitung in zwei nebeneinanderliegenden Steinquadern von 60 cm Breite und Dicke und 88 cm Höhe, welche als Stütze dienten. Ein Teil dieser Steine enthielt vertikale Röhren von 12 cm Durchmesser, um der im Wasser enthaltenen Luft Abzug zu gewähren. *(Abb. 70 links)*

Man hat die Leistungsfähigkeit der Leitung, wohl etwas zu hoch, auf täglich 3110 m³ Wasser berechnet. Die Verteilung in der Stadt geschah durch Ton- und Bleiröhren von 4–7 cm Stärke, Bruchstücke hiervon sind in der Nähe des Neukirchplatzes gefunden worden. Die Leitungen waren in Beton gebettet und außerdem durch Backsteinplatten geschützt. Die *Abb. 70 rechts* zeigt eine Brunnen- oder Grundleitung.

Der Zeitpunkt der Erbauung des zur Wasserversorgung von Metz dienenden Aquädukts ist nicht genau festgestellt, vielmehr gehen die Ansichten über die Entstehungszeit ziemlich weit auseinander; einzelne Forscher glauben die Herstellung dieses Werkes in die Zeit des Augustus verlegen zu können. Das Sammelbassin, in dem sich das Wasser mehrerer Quellen ergoss, lag jedenfalls in der Schlucht bei Flavigny. Der Aquädukt folgt in gleichmäßigem Gefälle dem Abhang des die Mosel begleitenden Höhenzuges. Bis zum Moseltal ist die Leitung unterirdisch geführt, sie besitzt bis zu diesem Punkt eine Länge von 12,57 km und ein Gefälle von 9,26 m. Jenseits der Mosel schließt sich eine kurze unterirdische Strecke an, alsdann ist die Leitung wieder oberirdisch geführt. Die erstere Strecke besteht aus einem mit einem halbkreisförmigen Gewölbe abgedeckten Kanal, dessen Wölbung aus regelrecht behauenen Sandsteinen ausgeführt ist. Die Wände und die Sohle des Kanals sind mit einer 5–8 cm starken Zementschicht überzogen. Die Bogenstellungen, auf welchen die Leitung durch das Moseltal geführt ist, haben eine Länge von 1120 m. Das Gefälle beträgt auf dieser Strecke 4,04 m, d. h. etwa 1:280. An den beiden Endpunkten befinden sich Bassins, die den Übergang der unterirdischen in die oberirdische und von dieser in die wiederum anschließende unterirdische Leitung vermittelten. In den Behältern ist je eine Vertiefung angeordnet, die zur Ablagerung des Schlammes, des Sandes etc. diente. Von den Bogenpfeilern sind heute auf dem linken Ufer bei Ars noch 9 und auf dem rechten Ufer bei Jouy aux Arches 17 erhalten. Die

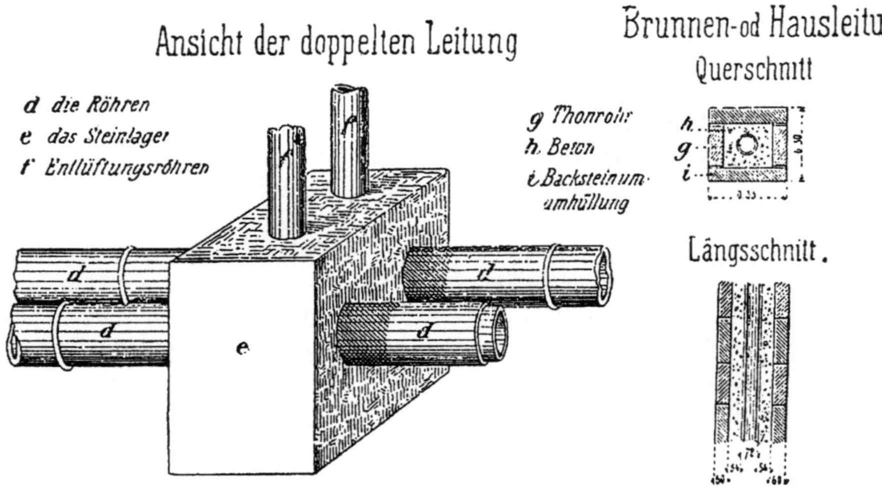

Abb. 70. Einzelheiten der römischen Wasserleitung von Straßburg.

102

Spannweite der Gewölbebogen betrug 5,5 m, im Flussbett dürfte dieselbe größer gewesen sein. Der höchste Bogen ist 18 m hoch. Die Leitung bestand auf der eigentlichen Aquäduktstrecke aus 2 Gerinnen von 1 m Höhe; diese Anordnung war mit Rücksicht auf etwaige Reparaturarbeiten gewählt. Die inneren Kanalwandungen sind mit kleinen, dreieckigen, gebrannten Ziegeln bekleidet und mit einem starken Zementputz versehen. Die Endstelle des Aquädukts ist nicht mit Sicherheit festgestellt. Wie an anderen Orten so dürfte auch in Metz die Leitung bis zum höchsten Punkt der Stadt geführt worden sein, von wo aus alsdann die Wasserverteilung stattgefunden haben wird.

Bei Mainz bauten die Römer zur Beschaffung eines guten Trinkwassers eine 8,7 km lange Wasserleitung, die in der Gegend von Finthen (Fontes) ihren Ausgang nimmt. Die Pfeiler, auf welchen das Gerinne ruhte, besaßen zum Teil eine bedeutende Höhe. Bei Zahlbach sind noch heute einzelne Reste des Werkes erhalten.

Köln, diese hervorragende römische Kolonie, wurde nach den aufgefundenen Spuren durch ein von Südwesten herkommendes Aquädukt mit Trinkwasser versorgt. Die Speisung dieser Leitung erfolgte zum Teil durch die Ableitung der Quellen des Hürther Baches, einem gemauerten Kanal von 0,37 × 1,04 m lichter Weite, zum anderen Teil durch die beim Dorf Hermülheim erfolgende Zuleitung, welche in der hohen Eifel, an der Wasserscheide zwischen Mosel, Maas und Rhein, begann und beim Dorf Nettersheim vorüberführte. Durch diese Wasserleitung wurden gleichzeitig das römische Lager zu Bonn, sowie die sonstigen zahlreichen römischen Ansiedlungen dieser Gegend mit Trink-

wasser versorgt. Diese Leitung hatte einen Querschnitt von 0,73 × 1,17 m, und erhielt wahrscheinlich in späterer Zeit noch eine Fortsetzung nach Norden über Hermülheim hinaus, vielleicht bis nach dem Lager von Neuss. Das Aquädukt von Hermülheim nach Köln zieht sich nach den deutlich erkennbaren Resten zunächst als ein unterirdischer Kanal dem Lauf des jetzigen Duffesbaches entlang nach dem Dorf Efferen. Er besitzt eine innere Weite von 0,57 m, während die Höhe, da das Gewölbe durchweg zu fehlen scheint, nicht mehr festzustellen ist. Von der Schleifkottenmühle, östlich von Efferen, begann wahrscheinlich die oberirdische Führung der Wasserleitung auf einer Untermauerung, von welcher Trümmerreste an der Benrather Straße, an der Kreuzung mit der militärischen Ringstraße und bei dem Gut Neuenhof noch heute stehen. Im Ort Sülz wurden auf derselben Straße bei Gelegenheit von Straßenbauten die Fundamente von Pfeilerstellungen gefunden.

Im mittelalterlichen Köln stand eine Bogenstellung dieses Aquädukts mit einem Teil des Leitungsrohres bis zum Jahr 1566 in der Straße ›Am Marsilstein‹, welche nach einer, an dieses Bauwerk sich knüpfenden Sage ihren Namen führte; der letzte Pfeilerrest wurde an dieser Stelle erst gegen 1745 beseitigt. Bisher ist es nicht möglich gewesen, für Köln die Baureste größerer Thermenanlagen, wie solche in Trier und an anderen Kulturstätten der Römerzeit in großartiger und prächtiger Weise zur Ausführung gekommen sind, nachzuweisen. Die Verteilung des Wassers in der römischen Stadt, welche einen Flächenraum von 96,80 ha bedeckte, erfolgte wahrscheinlich von einem Sammelbehälter aus mittelst im Boden liegender Leitungen, welche teils aus gemauerten, im Inneren mit feinem Mörtelputz versehenen kleinen Kanälen, teils aus Bleirohren und Tonrohren bestanden haben und die an vielen Stellen der alten Stadt aufgefunden sind.

Interessante Überreste dieser römischen Wasserleitungen hat Dombaumeister Voigtel auf dem Terrain des Doms und in einem antiken Haus an dessen Ostseite aufgefunden. Dieselben sollen weiterhin beschrieben werden.

Oströmische Wasserwerksanlagen

Unter den Wasserwerksbauten des oströmischen Kaiserreiches nehmen die betreffenden Anlagen von Konstantinopel nicht nur wegen ihres ungewöhnlich großen Umfanges, sondern auch in technischer Beziehung eine hervorragende Stellung ein. Die meisten dieser Bauten stammen jedoch aus einer Zeit, die außerhalb des hier zu berücksichtigenden Zeitraums liegt, weshalb nur auf einen Teil dieser Schöpfungen hingewiesen werden kann. Dass sich die Wasserversorgung des alten Byzanz an die römischen Vorbilder anlehnte, erscheint natürlich. Hadrian ließ ein Aquädukt, Septimius Severus eine Zisterne herstellen, der Patricier Eubolus und der Kaiser Valens bauten Wasserleitungen, Theodosius und Arcadius legten Teiche und Zisternen an. Das Aquädukt des Valens gehört zu den bedeutendsten antiken Wasserwerksbauten Konstantinopels. Dieses Bauwerk *(Abb. 71)* wurde im Jahr 368 n. Chr. erbaut und ist zweigeschossig (22,74 m hoch). Seine Länge dürfte einst 1170 m betragen haben. Wie viele andere Bauwerke, so hat auch diese Anlage durch Erdbeben außerordentlich gelitten. Von Justinian blieb der Bau vollständig unbeachtet, erst 576 n. Chr. wurde die Leitung von Justinian II. wieder hergestellt. Sie ist heute, nachdem sie in den verflossenen Jahrhunderten wiederholt beschädigt und wieder repariert worden ist, notdürftig im Gange.

Während sich künstliche, durch Sperrdämme gebildete Wasserteiche im Weströmischen Reich nur vereinzelt finden, erinnert sei an die Teiche der Wasserleitung von Merida und der Stauteiche der Anio Novus Erwähnung getan, sind im Oströmischen Reich und so auch bei Konstantinopel eine größere Anzahl dieser Anlagen vorhanden. Forchheimer und Strzygowski schreiben, und wohl mit Recht, die Schaffung der offenen Wasserbehälter (Teiche) dem Einfluss der syro-palästinischen Ingenieure zu, die von Konstantin, der den Überschuss an Menschen des ganzen Reiches nach der nach ihm genannten Stadt lockte, durch glänzende

Abb. 71. Valens-Aquädukt in Konstantinopel.

Versprechungen dorthin gezogen worden seien. Diese Ingenieure dürften der Wasserbaukunst des Orients Eingang in Neu-Rom verschafft haben. Die Lage der Stadt auf einem felsigen Untergrunde legte es nahe, Sammelbehälter anzulegen, um in der trockenen Jahreszeit und namentlich bei Belagerungen Wasser zu haben. Die Form dieser Teiche ist, wie die der in Palästina und Syrien angelegten, viereckig. Die Größenverhältnisse der syro-palästinischen Teiche betragen in der Länge 16 – 210 m und in der Breite 5,6 – 143 m. Die in Konstantinopel entstandenen Anlagen dieser Art sind durchschnittlich größer und haben eine Länge von 127 – 244 m und eine Breite von 76 – 152 m. Die aus dem Altertum stammenden Teiche, der des Stadtpräfekten Modestus und des Patriciers Aëlius, sind zerstört. Über den Betrieb der Wasserwerksanlagen von Konstantinopel im Altertum ist bis jetzt wenig bekannt geworden. Konstantin schützte im Jahr 330 n. Chr. durch Erlass eines entsprechenden Gesetzes die Wasserleitungen vor Verunreinigungen und dem zerstörenden Einfluss nahestehender Bäume. Die anwohnenden Grundbesitzer waren zur Reinhaltung der Kanäle und dazu verpflichtet, dass Bäume 15 Fuß von den Leitungen entfernt blieben. Andreossy führt in seinem Werk eine größere Anzahl von Verordnungen der Kaiser Konstantin, Valentinian, Valens und Gratian an.

Römisches Installationswesen

Zur Ergänzung und im Anschluss an die über das römische Installationswesen bereits gegebenen Mitteilungen sollen nachstehend einige weitere Einzelheiten desselben angeführt werden. Der Abschluss der Leitungen, von denen allerdings die Mehrzahl wohl überhaupt

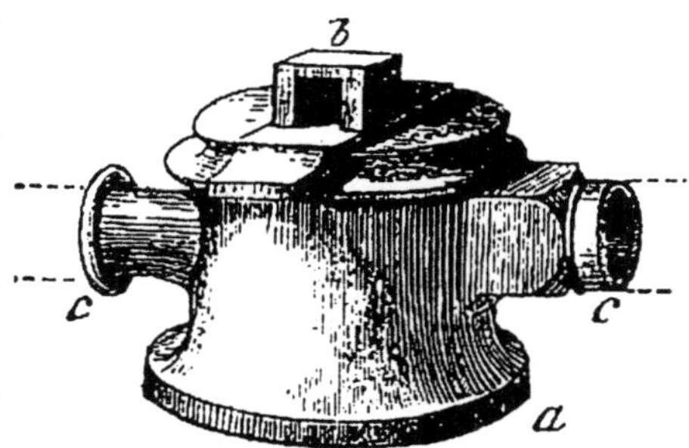

Abb. 72. Römischer Wasserleitungshahn.

keinerlei Abschluss besessen haben wird, erfolgte durch Hähne und zwar ausnahmslos durch Kegelhähne. Im Palast des Tiberius auf Capri hat man eine solche Abschlussvorrichtung gefunden, deren Konstruktion *Abb. 72* wiedergibt. Der Teil *b* drehte sich in dem Teil *a*, wodurch das Rohr *c* geöffnet oder geschlossen wurde. Die Durchmesser der in den verschiedensten Teilen der Erde gefundenen römischen Bleirohre schwanken zwischen 25 – 300 mm. Diesen Röhren ist meistens der Name des Konsuls, in dessen Amtszeit sie verlegt sind und die Namen der Besitzer, zu deren Grundstück sie führten, aufgegossen. Auch die Namen der Fabrikanten sind sehr oft angegeben. Die Anfertigung der Rohre erfolgte teils für Rechnung der Kommunen, welche Wasserleitungen anlegten und unterhielten, teils für kaiserliche Rechnung. Im letzteren Fall ist der Name des die Aufsicht führenden Beamten, der Bestimmungsort und der Name des Fabrikvorstehers auf dem Rohr verzeichnet. Auch die Namen von Privatleuten, die auf Bestellung nach auswärts Rohre lieferten, kommen vor. Die Bleirohrfabrikation gehörte in der Kaiserzeit zu denjenigen großen Geschäftszweigen, in welchen Kapitalisten ihr Vermögen mit Vorliebe anlegten.

Über die Art und Weise der Ausführung von Installationsanlagen geben zahlreiche Funde Aufschluss, von welchen einzelne nachstehend beschrieben werden. Im Kölner Dom fand Voigtel den Auslass einer Bleirohrleitung, die zum Schutz gegen Beschädigungen in einem aus Tufsteinquadern ausgeführten kleinen Kanal verlegt war. Das Bleirohr hat 68 mm innere Weite, bei 3½ mm Wandstärke. Dasselbe ist aus Bleiplatten von etwa 3 m Länge und 21 cm Breite angefertigt. An den Kanten der Langseiten ist das Blei dünn geschabt, und sind diese mit 13 mm Überdeckung in stark vortretender Naht mit Zinn, dem 8 % Zink beigemengt ist, sorgfältig und stark verlötet.

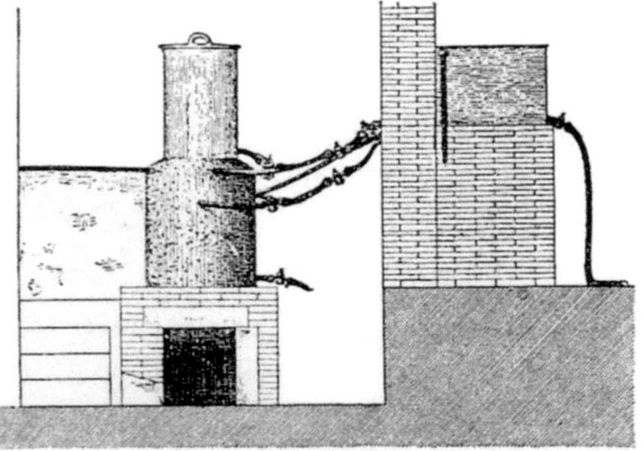

Abb. 73. Römische Heizvorrichtung für Badezwecke.

Die fertigen Rohrstücke sind dann nach Abschaben der Röhrenden auf 13 mm ineinandergeschoben und mit besonders kräftiger Verlötung wahrscheinlich an Ort und Stelle zusammengefügt. Der Auslass ist als **T**-Stück in die Leitung eingesetzt. Die Verlötung mittelst Zinn und Zink ist besonders bemerkenswert, da sie den Annahmen von Belgrand widerspricht. In dem römischen Haus an der Ostseite des Doms ist die Anlage eines Hausbades mit Umfassungsmauern von achteckiger Grundrissform und 2 m

innerem Durchmesser nebst den Wasser Zu- und Ableitungen aufgefunden worden. Die Abflussleitung ist ebenfalls aus Bleiröhren hergestellt und in einem gemauerten Kanal verlegt. Ein ähnliches Bad enthielt ein bei Anlage der Dasselstraße freigelegtes Haus.

Sehr mannigfaltig sind die aufgefundenen Installationsgegenstände von Badeanlagen. Die Römer trieben mit den Leitungen und Hähnen großen Luxus, zahlreiche dieser Gegenstände wurden von Silber hergestellt. Eine bemerkenswerte Heizeinrichtung, die jedenfalls zu Badezwecken mitbenutzt wurde, hat man in der Umgegend von Pompeji gefunden. Hier befindet sich in einem Haus in einem besonderen Raum über einem gemauerten Herd ein Heizkessel, der aus zwei Zylindern besteht. Der Durchmesser des oberen Teils ist kleiner als der des unteren. Die Durchmesser betragen 35 cm resp. 59 cm. In einem Nebenraum befindet sich, wie *Abb. 73* zeigt, ein hochliegendes Reservoir, das zur Speisung des Kessels und jedenfalls zu noch anderen Zwecken diente. Vom Reservoir gehen drei Leitungen aus. Die obere Leitung geht in den Kessel und reicht bis nahezu auf seinen Boden, so dass das kalte Wasser im unteren Teil austrat. Das zweite Rohr teilt sich in zwei Stränge, der eine geht nach dem Kessel, der andere erstreckt sich hinter dem Kessel weiter. In dem von dem Reservoir ausgehenden Rohr, sowie in dem nach dem Kessel führenden Strang sind Hähne eingebaut. Schloss man den letzteren Hahn, so konnte man das kalte Wasser um den Kessel herum nach einem weiter liegenden Ausfluss leiten, öffnete man dagegen diesen Hahn und schloss den in dem Abflussrohr des Reservoirs vorhandenen, so floss warmes Wasser nach dem Ausflusspunkt. Die dritte

Leitung weist dieselbe Anordnung wie die zweite auf, so dass auch durch diese nach Belieben kaltes und warmes Wasser nach ihrem Endpunkt geleitet werden konnte. Die Höhenlage des Kessels ist so gewählt, dass er vollständig vom Reservoir aus gefüllt werden konnte. Am unteren Kesselteil ist ein Hahn zum Entleeren angeordnet.

Im Museum von Pompeji befinden sich zwei römische antike Wasserheizkessel, die Beweis ablegen, dass den römischen Ingenieuren die Vorzüge der Wasserrohrkesselheizung bekannt waren. Die Roststäbe des allerdings nur kleinen Gefäßes bestehen aus hohlen Rohren, die mit dem Wasserraum in Verbindung stehen. Auf diesen Rohren ruhte unmittelbar die Feuerung.

Viele römische Theater waren mit Röhren ausgestattet, die an den Wänden herumliefen und aus deren kleine Löcher fein verteiltes Wasser auf die Zuschauer gespritzt wurde. Dieses Wasser wurde mitunter parfümiert; so ist in Pompeji eine Wandinschrift aufgefunden worden, in welcher ein Tiergefecht und Athletenkämpfe angezeigt sind, wobei bemerkt ist, dass mit wohlriechendem Wasser gespritzt werden soll.

Die römischen Bäder (Thermen)
Das reichlich den römischen Städten zugeführte Wasser fand namentlich zu Badezwecken eine sehr ausgedehnte Verwendung. Bereits die Griechen legten auf das Baden großen Wert. In den Gymnasien sowohl als in den Palästrien befanden sich Baderäume, in welchen die Teilnehmer an den Spielen und Übungen sich waschen konnten und massieren ließen, um ihre Kräfte zu stärken und zu erneuen. Einen vollständig anderen Charakter besaßen die römischen, unter dem Namen ›Thermen‹

bekannten Badeanlagen, die lediglich die Bezeichnung mit den griechischen Anlagen dieser Art gemein hatten. In Rom dürfte die erste der Thermen, welcher Name von den in diesen Bauten vorhanden gewesenen warmen Bädern herrührt, nach Fertigstellung der Claudia erbaut worden sein. Die römischen Thermen entstanden wahrscheinlich in Anlehnung an die aus der Diadochenzeit stammenden Vorbilder. In diesen Bauanlagen war alles vereinigt, was die damalige Zeit zur Unterhaltung, Erholung und zum Vergnügen ersonnen hatte. Die Thermen wurden in der verschwenderischsten und prachtvollsten Weise ausgestattet und ihre Benutzung stand dem Volk gegen eine geringe Vergütung, zeitweise ganz umsonst frei. Durchgängig lassen sich in den Thermen die folgenden 6 Teile unterscheiden:

1. Der Auskleideraum (Apodyterium).
2. Sas kalte Bad (Frigidarium).
3. Ein mäßig erwärmter Raum zur Entkleidung vor und zur Ankleidung nach Benutzung des Schwitzbades (Tepidarium).
4. Das Schwitzbad (Caldarium, Sudatorium).
5. Die Feuerungsanlage, die Wasserbehälter und die Kessel zur Wassererwärmung (Praefurnium).
6. Ein freier Platz (Palaestra) zur Abhaltung körperlicher Übungen.

Es würde an dieser Stelle zu weit führen, alle Einzelheiten der Thermen und die verschiedenen aufgefundenen Anlagen dieser Art in den einzelnen Teilen des römischen Weltreiches anzugeben. Nachstehend sollen nur einige Mitteilungen über die berühmteste Therme, die des Antoninus Caracalla folgen: In diesem Bauwerk, das eine Fläche von $110\,536\,\mathrm{m^2}$ einnahm, hat die römische

Baukunst ihren höchsten Triumph gefeiert. Nach den vorhandenen Resten war das Innere mit Säulen und Gesimsen aus den kostbarsten Steinen geschmückt, die Wände waren mit farbigem Marmor und die Fußböden mit bunten Steinplatten oder Mosaik belegt. Die Gewölbe, welche durch die Kühnheit ihrer Konstruktion besonders berühmt sind, waren auf das Reichste bemalt, vielleicht sogar mit Glasmosaik geschmückt. Einer der Räume der Thermen des Diocletian dient heute noch als Kirche (St. Maria degli Angeli). Das Pantheon ist ein Überrest der Thermen des Agrippa.

Die Thermen spielten während eines langen Zeitraums in Rom eine bedeutende Rolle. Nach Plinius fanden sich bereits vor Sonnenaufgang die jungen Männer ein, um in den Palästrien ihre Übungen auszuführen. Die Philosophen hielten in den Sälen vor einer aufmerksamen und intelligenten Zuhörerschaft ihre Vorlesungen, die Kämpfer und Athleten zogen die Menge nach den Sälen, die Greise ergingen sich je nach der Jahreszeit vor oder nach dem Bad in den bedeckten oder offenen Säulenhallen und Gängen, die Bibliothek stand jederzeit zur Verfügung der Studierenden und Wissbegierigen. In diesen schönen und nachahmungswerten Verhältnissen traten jedoch im Laufe der Zeit außerordentlich ungünstige und unheilvolle Veränderungen ein. Ursprünglich waren die beiden Geschlechter in den Thermen vollständig getrennt, diese Trennung wurde nach und nach immer weniger streng aufrechterhalten und verschwand schließlich ganz, wodurch die Thermen die Stätten der größten Ausschweifung wurden. Statt die Bäder mit Mäßigung und als eine Erquickung und Stärkung zu benutzen, wurden sie im Übermaß genommen, manche badeten sich siebenmal am Tag.

Caelius Cyprianus, D. Hieronymus und andere christliche Autoren traten heftig gegen die Thermen und ihren üblen Einfluss auf. Mit der Herrschaft des Christentums wurden die Thermen gleich den Theatern in die Acht getan und eines dieser herrlichen Gebäude nach dem anderen verschwand. Die Stätten der Zügellosigkeit eines entarteten Volkes gingen mit diesem Volk selbst zu Grunde. Wenn auch das römische Volk infolge seiner Entartung schließlich kein anderes Loos als den Untergang verdiente, so bleibt es doch anderseits in höchstem Grad bedauerlich, dass mit demselben die Errungenschaften einer weit vorgeschrittenen Technik ebenfalls verschwanden und die Entwicklung der Ingenieurtechnik in vielen Teilen der Erde einen viele Jahrhunderte langen Stillstand, ja Rückschritt erfuhr.

Wasserversorgungsanlagen der Perser

Von den Schöpfungen der Perser auf dem Gebiet der Wasserversorgung sind bis jetzt verhältnismäßig nur wenige bekanntgeworden. Bei den späteren Anlagen dieser Art, namentlich bei der Wasserleitung von Shuster ist römischer Einfluss mit Bestimmtheit anzunehmen, weshalb die Besprechung der persischen Wasserversorgungsanlagen im Anschluss an die römischen erfolgt.

Bei Persepolis befindet sich zwischen zwei Grüften ein ausgehauenes Felsbassin von 3,7 m im Viereck und von 4,9 m Tiefe. Dieses Becken diente einst als Reservoir. Von hier aus konnte durch in den Fels gehauene Kanäle die ganze Terrasse, auf welcher die berühmten Ruinen stehen, nach allen Richtungen hin bewässert werden. Die verteilten Wassermengen flossen zum Teil in einer zweiten tieferliegenden Felszisterne wiederum zusammen. Dieses zweite Bassin liegt zwischen der Säulenterrasse und dem Hauptportal. Das obere Felsbecken wurde durch unterirdische sowie offene 3 m tief in die Felsen eingehauene Kanäle gespeist. Die Reste dieser Kanäle setzen sich auch außerhalb der Hauptterrasse durch die Landschaft fort.

Die Wasserleitungsanlagen von Persepolis sind durch einen Zeitraum von vielen Jahrhunderten von den übrigen bekanntgewordenen derartigen Schöpfungen der Perser getrennt. Ardeschir I. (226 – 240 n. Chr.), der Erbauer des Palastes von Firuzabad (Gur) ließ eine Wasserleitung für die genannte Stadt anlegen. Die interessanteste der antiken persischen städtischen Wasserversorgungsanlagen ist diejenige der Stadt Shuster. Dieses Werk diente gleichzeitig Irrigationszwecken. Als Erbauer von Shuster gilt Shapur I. (240 – 271 n. Chr.), in dessen Gefangenschaft der unglückliche römische Kaiser Valerian (253 – 260 n. Chr.) im Jahr 260 fiel. Nach Gründung der Stadt wurde in einer Biegung des Kārun ein tiefer und weiter Kanal angelegt, der die Stadt umzieht. Diese Abzweigung liegt unmittelbar oberhalb der Stadt, welche sich auf einer Erhöhung zwischen den beiden Wasserläufen erstreckt. Ein massiver Damm (Bend) wurde quer durch das natürliche Strombett gezogen, und zwar in der Entfernung von einer Viertelstunde unterhalb des Abzweigungspunktes des Kanals. In dem Damm selbst ließ man nur einige wenige enge Durchgänge (Schleusen), so dass die Hauptwassermasse durch den Kanal gedrängt wurde. Vor dem Kanaleingang baute man später gleichfalls einen Damm mit Abflussöffnungen. Man bildete auf diese Weise ein großes aufgestautes Bassin. Zur weiteren Ableitung des Wassers aus diesem Reservoir grub man durch den Sandsteinfelsen, welcher das linke östliche Flussufer zwischen beiden Dämmen bildet, einen Tunnel, Nahri Dariyan genannt, der tiefer lag, als der aufgestaute Wasserspiegel. Bevor jedoch der Kanal durch einen Damm geschlossen wurde, hatte man die Fläche oberhalb des Flussdammes mit kolossalen behauenen Steinquadern gepflastert, die untereinander durch Metallklammern befestigt sind. Im 13. Jahrhundert scheint der Flussdamm, der Band Kaisar eingebrochen zu sein. Der durch den

Berg, auf welchem das Kastell Shuster liegt, getriebene Tunnel, ist 225 m lang und 4,6 m breit. An vielen Stellen ist derselbe als Spalte eingehauen; der Fels ist sehr weich, so dass diese Arbeit keine schwierige war.

Der Kärun ist im Laufe der Zeit vielfachen Wechseln unterworfen gewesen. Durch Durchbrüche des Dammes trat eine Niveausenkung des durch den Bend gebildeten Reservoirs ein, so dass mit der Zeit der Tunnel zwecklos wurde. In späterer Zeit ist der Bandi Kaisar wieder von dem Prinzen von Kermanschah restauriert worden und erhielt er den Namen Bandi Shahza dah. Der von dem Fluss abzweigende Kanal erhielt den Namen Du Dangah (d. h. zwei Teile), weil sein Bett $^2/_6$ des Flusswassers erhielt. Dieser Kanal soll früher bis Ahwaz gereicht haben, wo er durch Irrigation vollständig aufgebraucht wurde. Die jetzige Bezeichnung des Kanals von Shuster bis zu seiner Wiedervereinigung mit dem Kärun bei Bund-i-Kir, an welcher Stelle der Dizful in den Kärun einmündet, ist Ab-i-Gargar. Die Tiefe beträgt 3,7 – 5,5 m, die Breite schwankt zwischen 50 – 100 m. Das ursprüngliche, im Westen der Stadt befindliche Flussbett heißt Nahri Tuster. In diesem Flusslauf waren eine große Anzahl Dämme aufgeführt, durch welche das Wasser in die Kanäle gegen Ost und West zur Bewässerung geleitet war. Von den von dem Kärun abzweigenden Bewässerungskanälen besitzen einzelne eine stattliche Größe. Ihre Sohle liegt gegenwärtig so hoch über dem Flussbett, dass die Speisung nur durch künstliche Mittel (Dämme oder Hebemaschinen) möglich gewesen sein kann, wenn nicht, wie Layard annimmt, der Kärun sein Bett im Laufe der Zeit bedeutend vertieft hat. Von den Dämmen ist gegenwärtig nur einer unterhalb der Stadt erhalten (der Bandi Khak). Der mit dem Bandi Kaisar das Reservoir bildende Damm vor dem Kanal Ab-i-Gargar heißt Bandi Mizan, d. h. der Damm des Gleichgewichts, da er dieselbe Höhenlage wie der erstere hat. Auf dem Flussdamm ward die Cäsars Brücke (Puli Kaisar) erbaut, die 44 Bogen besitzt. Alle diese Bauten Sapors dürften mit Hilfe der gefangenen römischen Kriegs- und Handwerksleute erbaut worden sein.

Unterhalb der Einmündungstelle des Dizful und des Ab-i-Gargar liegt bei Ahwaz ein Damm, der unter Benutzung der daselbst im Fluss vorhandenen Felsriffe hergestellt ist. Derselbe führt den Namen Band-Ahwaz. Von dem Dizfulfluss gehen ebenfalls zahlreiche Bewässerungskanäle, die der Sassanidenzeit ihre Entstehung verdanken dürften, ab. Auf einem Hügel in der Nähe der Ruinen von Ahwaz am Bandi Kir hat man seben quadratische Steinzisternen gefunden, die eine Seitenlänge von 4,9 m besitzen und verhältnismäßig tief sind, sie sind innen sehr sorgfältig poliert. Das Wasser wurde durch 6 – 7 Aquädukte in dieselben geleitet.

Ergebnisse

Die überaus zahlreichen Leistungen des Altertums auf dem Gebiete der Wasserversorgung weisen eine außerordentlich große Mannigfaltigkeit auf. Während die Versorgung durch Brunnen und Zisternen sich bei allen Völkern in ziemlich gleichmäßiger Art und Weise gestalten musste, gab die Herleitung des Wassers aus größerer Entfernung Veranlassung zur Ausbildung verschiedener, hierbei zur Anwendung kommender Methoden. In diesen Leitungen wurde ausschließlich die durch Gravitation bewirkte Bewegung des Wassers ausgenutzt. Eine Hebung und Fortbewegung des Wassers durch künstliche Anlagen, etwa in der Art der späteren Schöpf- und Pumpwerke, kannte das Altertum für Fernleitungen nicht, doch war ihm eine künstliche Wasserhebung nicht vollständig fremd. Zur Fortleitung wurde im allgemeinen das Wasser genügend hochgelegener Quellen und Wasserläufe benutzt oder das Wasser wurde an der Entnahmestelle hochgetrieben, sei es, wie solches in den Brunnen von Tyrus und an anderen Orten geschah, durch unmittelbare Ummauerung der Quellen oder durch Aufstauung der Wasserläufe. Von den beiden letzteren Methoden ist verhältnismäßig selten Gebrauch gemacht worden, wenigstens so weit es sich speziell um städtische Wasserversorgungsanlagen handelt. Es kann allerdings wohl mit Bestimmtheit angenommen werden, dass die indischen Tanks und die arabischen und syrischen Stauweiher neben dem Bewässerungszweck auch der Wasserversorgung der menschlichen Ansiedlungen nutzbar gemacht worden sind, doch liegen hierüber, so weit Indien, Ceylon und Arabien in Betracht kommen, keine bestimmten Angaben vor.

Für die Fortleitung des Wassers war die Schaffung eines von der Versorgungsstelle bis zur Entnahmestelle reichenden Gerinne erforderlich, welches genügendes Gefälle besitzen musste. Diese Leitung konnte als offene Rinne oder als geschlossener Kanal hergestellt werden. Die fast beständig herrschende Kriegsgefahr ließ die letztere Anordnung als die vorteilhaftere erscheinen. Die Schaffung von Tunnel gab hierbei die Möglichkeit, ungünstige Terraingestaltungen in einfacher Weise zu überwinden. Es ist bemerkenswert, dass die Schaffung von Tunnel sich bis zu einer frühen Periode zurückverfolgen lässt.

Die Frage, wo der erste Tunnel entstand, ist nicht zu beantworten, doch ist es wohl sicher, dass dieser Ruhm nicht, wie bisher vielfach angenommen wurde, der Schöpfung des Eupalinos zukommt. Die auf Salomo zurückgeführte Leitung von Jerusalem weist Tunnelstrecken auf, ebenso besitzt der Siloahkanal wohl sicher ein höheres Alter, da die Annahme, dass dieses Werk unter König Hiskia (728 – 699 v. Chr.) entstand, außerordentlich viel Wahrscheinlichkeit besitzt. Von hohem Interesse würde es sein, zu wissen, ob Eupalinos sich bei der für jene Zeit außerordentlich großen Kühnheit seines Planes an andere Vorbilder angelehnt hat oder ganz selbstständig auf die Durchbrechung des Gebirges gekommen ist. Die zunächst befremdende Erscheinung der verhältnismäßig zahlreichen Tunnelbauten des Altertums dürfte zu einem großen Teil darauf zurückzuführen sein, dass die Mehrzahl der antiken Völker durch die Anlegung von Felsengräbern mit der Art und Weise der Herstellung unterirdischer Gänge vertraut geworden war; vielleicht gaben von der Natur geschaffene Höhlen den ersten Anstoß zur künstlichen Schaffung unterirdischer Gemächer und Gänge. Die Unmöglichkeit der Fortführung einer Leitung an der Erdoberfläche in einzelnen Fällen, sowie die Erkenntnis der außerordentlich viel größeren Arbeitsleistung, welche die Schaffung einer offenen tiefen Rinne einem unterirdischen Gange gegenüber bedingte, musste von selbst auf die künstliche Durchbrechung eines Berges führen. Die geologischen Verhältnisse der antiken Kulturländer beeinflussten die Bohrung von Tunneln im allgemeinen günstig, da die zu überwindenden Schwierigkeiten meistens lediglich aus der Festigkeit des zu durchbrechenden Gesteins entsprangen. Die Tunnelbohrung war, da sie ausschließlich durch Handarbeit beschafft werden musste, an sich zwar mühsam und zeitraubend, bedingte jedoch meistens keinerlei schwierig herzustellende technische Vorkehrungen. Der Stollen des Eupalinos weist Ausmauerungen nur auf verhältnismäßig kurzen Strecken auf, und zwar dort, wo das Gestein nicht ausreichende Festigkeit besaß. Eine Ausnahme machte in dieser Beziehung der Tunnel zur Trockenlegung des Fuciner Sees. Die Hemmnisse, welche sich der Bohrung dieses Emissars (Abflusskanal) entgegenstellten, vermochten die Römer nicht genügend zu überwinden. Ein Teil an diesem Misslingen ist zwar auf die bei diesem Bau leider vorhanden gewesene Misswirtschaft zurückzuführen, jedoch drängt sich hier zum Schluss die Frage auf, ob die antike Tunnelbaukunst überhaupt so weit fortgeschritten war, dass sie so enormen Schwierigkeiten, wie es bei dem Fuciner Emissar zu beseitigen galt, gewachsen war? Man darf wohl annehmen, dass derartige Schwierigkeiten nur in vereinzelten Fällen aufgetreten sind, ja dass der Fuciner Emissar in dieser Hinsicht allein dastand. Die antike Tunnelbaukunst hat aller Wahrscheinlichkeit nach trotz der zahlreichen Schöpfungen eine sehr weitgehende Ausbildung in technischer Beziehung nicht erlangt. Die Hauptschwierigkeit lag jedenfalls meistens nicht in den Hindernissen, welche aus dem zu durchbrechenden Material entsprangen, sondern darin, jenen Punkt zu erreichen, der als Ziel bestimmt war. Diese Unsicherheit entsprang aus dem Unvermögen der antiken Ingenieure, die Tunnelachse in der horizontalen sowohl wie in der vertikalen Ebene mit genügender Genauigkeit festzulegen. Ungeachtet dieser Ungewissheit scheuten die Ingenieure keineswegs davor zurück, im Interesse der Arbeitsbeschleunigung den Tunnel an beiden Mundlöchern zu beginnen, ja in einzelnen Fällen die Angriffsstellen durch Schachtanlagen noch weiter zu vermehren. Von der größeren Zahl der in dem vorliegenden Werk im einzelnen näher beschriebenen Tunnel, so von dem Stollen des Eupalinos, dem Abflusskanal des Fuciner Sees, dem Tunnel von Saldae wissen wir mit Bestimmtheit, dass der Stollenbau von beiden Seiten aus begonnen wurde. Selbst die äußerst gewundene Trasse des Siloahkanals schreckte dessen Schöpfer nicht von der beiderseitigen Inangriffnahme des Werkes zurück. In keinem der genannten Fälle fand ein kunstgerechtes Zusammentreffen der Tunnelenden im modernen Sinne statt. Das Probieren und das gute Glück mussten das ihrige tun, die Arbeit zu gutem Ende zu führen. Sowohl in der Richtung wie in der Höhenlage musste ausnahmslos nachgeholfen werden. Immerhin verdient der Umstand, dass es den antiken Ingenieuren überhaupt möglich war, die Achse eines Tunnels einigermaßen zu bestimmen, große Anerkennung.

Die Ausnutzung der Tunnel von Wasserleitungen geschah entweder unmittelbar, so dass das Wasser auf der Tunnelsohle floss, oder es wurden im Tunnel Rohre verlegt, wie solches in Samos und Athen geschehen ist. Die unterirdische Führung der Wasserleitungen, wie sie namentlich von den Griechen mit Vorliebe gewählt wurde, ließ die Verwendung von Röhren praktisch erscheinen. Als Material zu diesen Röhren fand Stein, Ton und Blei, vielleicht auch Bronze Verwendung. Es ist wenig wahrscheinlich, dass, wie Texier glaubte annehmen zu dürfen, sich innerhalb der Steinrohre noch Tonrohre befunden haben werden. Bemerkenswert ist es, dass die älteste bekannte Druckrohrleitung der Hellenen, diejenige zu Patara, Steinrohre besitzt. Für die Leitung von Methymna hat Koldewey ebenfalls die Benutzung von Steinröhren nachgewiesen. Für Druckleitungen musste allerdings Stein besonders geeignet erscheinen und die Schwierigkeit lag alsdann nur in einer guten Dichtung der Fugen, welche Schwierigkeit jedoch gering erscheint gegenüber derjenigen, die aus der Verwendung eines ungenügenden Materials entspringen musste, als welches sich sowohl Ton wie Blei erwies. Während bei Steinrohren nur die Stoßstellen schwache Punkte waren, bildeten die Leitungen aus Ton oder Blei bei höherem Druck auf den ganzen betreffenden Strecken eine unzuverlässige Konstruktion. Die Annahme der Verwendung von Bronze hat bisher leider nicht durch Funde die Bestätigung ihrer Richtigkeit gefunden. Es ist nicht ersichtlich, aus welchem Grund von diesem Material, wenn es tatsächlich bei Pergamum zur Anwendung gekommen wäre, in ähnlichem Falle nicht auch die Römer Gebrauch gemacht haben sollten, da doch auch diesen bei ihren Anlagen große Mittel zur Verfügung standen und die Bleirohrleitungen die Aufgabe nicht erfüllten, was den römischen Ingenieuren nicht fremd geblieben sein kann und auch tatsächlich nicht geblieben ist, wie die Ummauerungen an der Leitung des Mont Pilat beweisen. Die Lyoner Leitungen verdienen ein besonders eingehendes Studium, da sie die Verwendung von Stein- und Bleiröhren zeigen. Auch in Aspendus kamen Steinröhren zur Verwendung. Warum benutzten die Römer nicht stets zu den Druckleitungen Steinröhren, sondern Bleirohre von einer so ungünstigen Konstruktion wie nur irgend möglich? Der Kostenpunkt kann allein nicht den Ausschlag gegeben haben.

Da Lenthéric die Pfeilhöhen der Siphons angibt, so lässt sich vielleicht an der Leitung des Mont Pila das Zutreffende der Ansicht von Belgrand über die Anordnung der Heberleitungen in einer Kurve dartun. Die genannte Leitung war an einer Stelle einem Druck von über 12 Atmosphären ausgesetzt und sie ist somit die bedeutendste bekannte Druckleitung der Römer überhaupt, die allerdings der Meisterschöpfung der Hellenen mit einem Drucke von mindestens 16 Atmosphären immerhin noch nachsteht. Die Vorliebe der Griechen, das Wasser in Röhren zu leiten, entsprang jedenfalls dem von ihnen in hohem Grad bekundeten Bemühen, das Wasser vor Verunreinigungen jeder Art zu bewahren. Durch die ausgedehnte Verwendung von Röhren dürfte die Erkenntnis der Möglichkeit, das Wasser in

Druckrohren aufwärts leiten zu können, herbeigeführt worden sein. Die Römer haben die Benutzung von Röhren innerhalb der Leitungskanäle wesentlich eingeschränkt und in der Hauptsache nur in jenen Fällen Rohre auf den Aquädukten verlegt, wenn solche als Druckleitungen funktionierten. Bei den großen Wassermengen einer stattlichen Zahl der römischen Aquädukte wäre allerdings die besondere Einbauung von Leitungen vielfach mit Schwierigkeiten und jedenfalls mit großen Kosten verknüpft gewesen. Eine derartige Fortleitung des Wassers wäre jedoch für die von den Römern mit so besonderer Vorliebe erbauten Aquädukte von großem Werte gewesen und würde die Schwierigkeiten, die steinernen Gerinne dicht zu halten, beseitigt haben. Die Gründe, welche die Römer vermutlich veranlassten, sich mit ihren Wasserleitungen in einem viel geringerem Maß als die Griechen den Terrainverhältnissen anzuschmiegen, sind in diesem Buch bereits angeführt. Da den römischen Ingenieuren die großen Vorteile der Druckleitungen, insbesondere die hierdurch zu erzielende wesentliche Kostenersparung, unmöglich unbekannt geblieben sein können, so bleibt es befremdlich, dass sie nicht mit allen Kräften bestrebt waren, die Übelstände der Ton- und Bleiröhren zu beseitigen. Die ganz außerordentliche Ausdehnung der römischen Aquädukte, deren imposantes Aussehen gewiss niemand zu bestreiten vermag, spricht, wenn man

nicht die Ruhmsucht als die Haupttriebfeder zu deren Entstehung annehmen will, gegen die Benutzung von Bronze zu Druckleitungen. Es erscheint wenig wahrscheinlich, dass der Menschheit diese Kenntnis ganz entschwunden sein soll, namentlich da römische Ingenieure, wenn auch Jahrhunderte später, in Pergamon selbst tätig gewesen sind und es doch fraglich sein dürfte, ob in diesem Zeitpunkt jede Spur und jede Kunde von der Wasserversorgungsanlage der Burg von Pergamon verschwunden war. So staunenswert die bei der Erbauung der römischen Aquädukte bewiesene Schaffungskraft ist, und so sehr diese Werke mit Recht wohl immer wieder die Bewunderung der Beschauer erregen werden, so muss dennoch bekanntwerden, dass vom technischen Standpunkte aus manche dieser Schöpfungen als nicht daseinsberechtigt bezeichnet werden müssen, und dass die Griechen sich auf dem Gebiete des Wasserversorgungswesens als das technisch überlegenere Volk gezeigt haben.

Die Frage, ob sich an den römischen Wasserleitungen ein Fortschritt im Laufe der Jahrhunderte nachweisen lässt, muss mit ja beantwortet werden Die Fortbildung lässt sich aus der größeren Geschicklichkeit in der Trassierung der Leitungen erkennen, sie tritt dagegen weniger hervor in der Ausbildung der Gerinne und Leitungsrohre, in deren Ausbildung ein Fortschritt kaum bemerkbar ist.

Neue Bahnen denken
Alternative Schienenverkehrskonzepte im 19. Jahrhundert
Die Aufbruchstimmung und der technische Fortschritt im 19. Jahrhundert führten zu immer neuen Erfindungen, die den Verkehr beschleunigen und die Antriebe optimieren sollten. Dabei wurde oft das System von mit Dampflokomotiven bespannten Zügen auf zwei Schienen grundlegend in Frage gestellt. Manche dieser Ideen sind heute wieder aktuell, und so lohnt sich ein unverfälschter Blick auf dieses interessante Kapitel der Verkehrsgeschichte.
• ISBN 978-3-7583-7184-4

Handel & Industrie zwischen Industrieller Revolution und Belle Époque
Der erste Band mit 21 Zeitreisen ins 19. Jahrhundert
Ab der zweiten Hälfte des 18. Jahrhunderts ersetzten Dampfmaschinen zunehmend die Muskelkraft und ermöglichten eine zunehmende Mechanisierung der bis dahin handwerklich geprägten Güterproduktion. Der Abbau von Handelshemmnissen und neue Verkehrswege eröffneten überregionale Märkte, immer mehr Produkte mussten immer schneller und billiger produziert werden. Arbeitsteilung und Spezialisierung veränderten ganze Wirtschaftszweige. Die historischen Originalbeiträge und Abbildungen in diesem Buch geben einen unverfälschten Einblick in die Wirtschaft des 19. Jahrhunderts. **• ISBN 978-3-7583-0344-9**

Fritz Eiselen • Albert Hofmann
Die elektrische Hoch- und Untergrundbahn in Berlin
Mit der Eröffnung der Berliner Hoch- und Untergrundbahn am 18. Februar 1902 fanden zehn Jahre Planung und Bau der ersten deutschen U-Bahn ihren vorläufigen Abschluss. Die damaligen Redakteure der ›Deutschen Bauzeitung‹ Fritz Eiselen und Albert Hofmann schildern die Arbeiten aus Sicht der Ingenieure und Architekten. Dabei gehen sie nicht nur auf die technischen Aspekte ein, sondern widmen sich auch der künstlerischen Ausgestaltung der Strecke und der Bahnhöfe. Zahlreiche Fotos und Zeichnungen illustrieren dieses Zeitdokument der Berliner Verkehrsgeschichte. **• ISBN 978-3-7528-9695-4**

Paul Wittig • Johannes Bousset • Gustav Kemmann • Alfred Grenander
Die Untergrundbahn nach Dahlem und Westend
Nach der Eröffnung der Berliner Hoch- und Untergrundbahn 1902 war das Interesse der gut situierten westlichen Berliner Vororte an einem Schnellbahnanschluss geweckt. Selbstbewusst und mit der Unterstützung finanzkräftiger Terraingesellschaften entwickelten die Städte Charlottenburg und Wilmersdorf Pläne für die Erweiterung der Berliner U-Bahn, wobei die Beteiligten teilweise sehr eigenwillige Vorstellungen zur Streckenführung hatten. In diesem Buch schildern ausgewiesene Experten in zeitgenössischen Original-Beiträgen die Entwicklung der Schnellbahnen vom Nollendorfplatz nach Ruhleben, Krumme Lanke und zum Kurfürstendamm zwischen 1906 und 1930. Mit rund 150 Zeichnungen und Fotos. **• ISBN 978-3-7578-8381-2**

Hans Dominik
Eiserne Pferde • Technische Plaudereien und Betrachtungen
Der Ingenieur, Journalist und Schriftsteller Hans Dominik (1872 – 1945) gehört zu den erfolg-reichsten Science-Fiction-Autoren Deutschlands. Neben zahlreichen Romanen und Kurzge-schichten verfasste er vor allem auch populärwissenschaftliche Beiträge für Zeitschriften und Jahrbücher. Für dieses Buch wurden seine verkehrstechnischen Plaudereien und Betrachtungen zusammengetragen und vermitteln dem Leser einen unverfälschten Blick auf die Verkehrsge-schichte des jungen 20. Jahrhunderts. • *ISBN 978-3-7534-7686-5*

Friedrich Schultheis • Alexander Marx
Der Bau des Ludwigs-Kanal zwischen Main und Donau 1836 bis 1846
Mit dem Ludwigs-Main-Donau-Kanal gelang es, die Europäische Wasserscheide zu überwinden und eine schiffbare Verbindung von der Nordsee zum Schwarzen Meer schaffen. Innerhalb von zehn Jahren wurden 100 Schleusen, über 70 Dämme sowie zahlreichen Brücken und Brücken-kanäle errichtet. Friedrich Schultheis schildert hier detailreich den Fortgang der Bauarbeiten von den ersten Planungen bis zur Einweihung im Juli 1846. 26 Doppelseitige Illustrationen von Alexander Marx geben einen Eindruck von diesem Meisterwerk der Technikgeschichte.
• *ISBN 978-3-7386-4028-1*

Walter Körte • Jacobus van Ronzelen
Vom Bau der Leuchttürme Roter Sand und Hohe Weg
Mitten im Watt entstand 1854 – 56 der Leuchtturm auf der Sandbank ›Hohe Weg‹. 30 Jahre später wurde dann am ›Roter Sand‹ das erste Offshore-Bauwerk der Welt errichtet. Hier schil-dern die verantwortlichen Baumeister aus erster Hand, wie sie noch nie dagewesene Heraus-forderungen meistern mussten und den Launen der Nordsee getrotzt haben.
• *ISBN 978-3-7519-2217-3*

Schmiedekunst und Glockenguss
Eine Zeitreise durch 300 Jahre Metallhandwerk
Eine Zeitreise in Originaldokumenten durch die Geschichte des Metallhandwerks vom späten 16. bis ins 19. Jahrhundert. Viele heute vergessene Techniken, Werkzeuge und Produkte wer-den wieder lebendig. Zahlreiche historische Holzschnitte und Kupferstiche zeigen die Werk-stätten und Arbeitsweisen der vergangenen Zeit. • *ISBN 978-3-7543-8430-5*